冶金职业技能鉴定理论知识培训教材

中级轧钢加热工

戚翠芬　主　编

杨晓彩　副主编

北　京

冶金工业出版社

2013

内 容 提 要

本书为冶金职业技能鉴定理论知识培训教材，完全与职业技能鉴定标准相吻合，其主要内容包括：产品的成分及性能要求，热轧的产品分类及生产工艺过程，燃料的燃烧过程，连续式加热炉的分类及主要炉型的技术特点，加热炉的供热、供水、测温等系统的布置方法，加热炉温度管理及加热缺陷的消除方法，炉体耐火材料的技术性能，加热炉辅助设备的结构及工作原理，计算机在加热工艺控制上的应用，加热工序管理及安全生产知识。

本书也可作为相关职业技术学校的培训教材和参考书。

图书在版编目（CIP）数据

中级轧钢加热工/戚翠芬主编 . —北京：冶金工业出版社，2013.1

冶金职业技能鉴定理论知识培训教材

ISBN 978-7-5024-5910-9

Ⅰ.①中… Ⅱ.①戚… Ⅲ.①热轧—技术培训—教材 Ⅳ.①TG335.11

中国版本图书馆 CIP 数据核字（2012）第 235034 号

出　版　人　谭学余
地　　　址　北京北河沿大街嵩祝院北巷 39 号，邮编 100009
电　　　话　(010)64027926　电子信箱　yjcbs@cnmip.com.cn
策划编辑　俞跃春　责任编辑　俞跃春　谢冠伦　美术编辑　彭子赫
版式设计　孙跃红　责任校对　郑　娟　责任印制　李玉山
ISBN 978-7-5024-5910-9
冶金工业出版社出版发行；各地新华书店经销；三河市双峰印刷有限公司印刷
2013 年 1 月第 1 版，2013 年 1 月第 1 次印刷
850mm×1168mm　1/32；6.75 印张；135 千字；204 页
20.00 元
冶金工业出版社投稿电话：(010)64027932　投稿信箱：tougao@cnmip.com.cn
冶金工业出版社发行部　电话：(010)64044283　传真：(010)64027893
冶金书店　地址：北京东四西大街46 号(100010)　电话：(010)65289081(兼传真)
（本书如有印装质量问题，本社发行部负责退换）

前 言

推行职业技能鉴定和职业资格证书制度不仅可以促进社会主义市场经济的发展和完善，促进企业持续发展，而且可以提高劳动者素质、增强就业竞争能力。实施职业资格证书制度是保持先进生产力和社会发展的必然要求，取得了职业技能鉴定证书，就取得了进入劳动市场的通行证。

广大轧钢加热工具有较为熟练的操作技能和较为丰富的实践操作经验，但缺乏专业理论知识。为提高轧钢加热岗位工的专业理论素质，便于轧钢加热工职业技能鉴定，河北工业职业技术学院轧钢教研室与多家轧钢企业合作，编写了轧钢加热工理论知识培训教材。

本书内容是依据《中华人民共和国职业技能鉴定标准——轧钢卷》，结合热轧厂的实际情况确定的，并与职业技能鉴定理论考试内容一一对应。本书在具体内容的组织和安排上注意融入新技术；考虑了岗位工学习的特点，深入浅出、通俗易懂，理论联系实际，强调知识的运用；将相关知识要点进行了科学的总结提炼，形成了独有的特色，易学、易懂、易记，便于职工掌握加热生产的专业知识。

　　本书由河北工业职业技术学院戚翠芬任主编，杨晓彩任副主编，参加编写的还有李秀敏、张志旺、陈涛、袁建路、张景进、赵金玉、耿波、袁志学、孟延军。全书由巩甘雷博士主审。同时，在编写过程中参考了大量文献，得到了有关单位的大力支持，在此一并表示衷心的感谢。

　　由于编者水平所限，书中不足之处，敬请广大读者批评指正。

编　者

2012 年 4 月

目　　录

产品的成分及性能要求

1.1 常见钢种的牌号及用途

　　钢的种类很多，成分复杂而性能不一。为了便于识别和称呼，需要对钢进行编号，以明确、简短醒目的符号表示所代表钢的化学成分范围及主要性能指标。有了钢号，人们对于具体的某一钢种就有了共同概念。这给生产、使用都带来了很大的便利。

　　世界各国都有自己的钢种编号，但至今尚无一种完美无缺的钢种编号方法。我国是根据不同钢类、不同用途，不同冶炼方法及不同质量要求对钢种进行编号的。

1.1.1 普通碳素结构钢

1.1.1.1 原来钢号表示方法

　　普通碳素结构钢采用表1-1规定的符号和阿拉伯数字表示，具体表示方法如下：

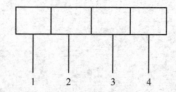

其中：1 表示钢类，即表 1－1 中的 A、B、C(甲类钢、乙类钢、特类钢)；2 表示冶炼方法，即表 1－1 中的 Y、J(氧气转炉、碱性空气转炉)。如果是平炉，则不标注；3 是阿拉伯数字，表示不同牌号的顺序号(随平均碳含量的增加，顺序号由 1～7 增大)，具体的碳含量请参阅 GB 700—1979；4 表示脱氧方法，用表 1－1 中的 F、b 表示(沸腾钢、半镇静钢)。若是镇静钢，则不标注。

表 1－1 钢号中的汉字和符号的意义

名　称	汉　字	符　号	标注位置
甲类钢	甲	A	
乙类钢	乙	B	牌号头
特类钢	特	C	
氧气转炉	氧	Y	牌号中
碱性空气转炉	碱	J	
沸腾钢	沸	F	
半镇静钢	半	b	牌号尾
质量等级		A、B、C、D	
碳素结构钢	屈	Q	
低合金高强度钢	屈	Q	牌号头
焊接用钢	焊	H	

例如：B4 表示平炉冶炼的乙类 4 号镇静钢；AY3F 表示氧气转炉冶炼的甲类 3 号沸腾钢；BJ2F 表示碱性空气转炉冶炼的乙类 2 号沸腾钢。专门用途的普通碳素钢，采用表 1－1规定的代表产品用途的符号和阿拉伯数字表示。例如：ML2 表示二号铆螺钢的牌号。

1.1.1.2 新的钢号表示方法

普通碳素结构钢自 1988 年 10 月 1 日起实施新标准 GB 700—1988。从 1991 年 10 月 1 日起，原国家标准 GB 700—1979《普通碳素结构钢技术条件》作废。新标准采用五个钢号（Q195、Q215、Q235、Q255、Q275），取消了按甲类钢、乙类钢和特类钢的分类方法。钢的牌号由代表屈服点的字母、屈服点下限值、质量等级符号、脱氧方法符号等四个部分按顺序组成。

例如：Q235 – A·F

Q——钢材屈服点"屈"字汉字拼音首位字母；

235——屈服点下限值为 235MPa；

A——不做冲击试验；

B——做常温冲击试验（V 型缺口）；

C、D——作为重要焊接结构用（A、B、C、D 分别为质量
　　　　　等级）；

F——沸腾钢"沸"字汉语拼音首位字母；

b——半镇静钢"半"字汉语拼音首位字母；

Z——镇静钢"镇"字汉语拼音首位字母；

TZ——特殊镇静钢"特镇"两字汉语拼音首位字母；

在牌号组成表示方法中，"Z"与"TZ"代号予以省略。

1.1.1.3 各牌号碳素结构钢的主要用途

（1）牌号 Q195，碳含量低，强度不高，塑性、韧性、加工性能和焊接性能好，可用于轧制薄板和盘条。冷、热轧薄钢板及以其为原板制成的镀锌、镀锡及塑料复合薄钢板大量用屋面板、装饰板、通用除尘管道、包装容器、铁桶、仪表壳、开关箱、防护罩、火车车厢等。盘条则多冷拔成低碳钢丝或经镀锌制成镀锌低碳钢丝，用于捆绑、张拉固定或用作钢丝网、铆钉等。

（2）牌号 Q215，强度稍高于 Q195 钢，用途与 Q195 大体相同，此外，还可大量用作焊接钢管、镀锌焊管、炉撑、地脚螺钉、螺栓、圆钉、木螺钉、冲制铁铰链等五金零件。

（3）牌号 Q235，碳含量适中，综合性能较好，强度、塑性和焊接等性能得到较好配合，用途最广泛。常轧制成盘条或圆钢、方钢、扁钢、角钢、工字钢、槽钢、窗框钢等型钢和中厚钢板，大量用作建筑及工程结构，用以制作钢筋或建造厂房房架、高压输电铁塔、桥梁、车辆、锅炉、容器、船舶等，也可大量用作对性能要求不太高的机械零件。C、D 级钢还可作为某些专业用钢使用。

（4）牌号 Q255，性能与 Q235 差不多，强度稍有提高，塑性有所降低，应用不如 Q235 广泛，主要用作铆接与铰接结构。

（5）牌号 Q275，强度、硬度较高，耐磨性较好，用于制造轴类、农业机具、耐磨零件、钢轨接头夹板、垫板、车轮、轧辊等。

1.1.2 优质碳素结构钢

1.1.2.1 钢号表示方法

优质碳素结构钢的牌号用钢中平均碳含量的万分之几表示。沸腾钢及半镇静钢应按表 1－1 符号特别标明，未加其他说明的为镇静钢，含锰量较高的优质碳结钢，还应将锰元素标出。具体表示方法如下：

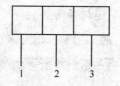

其中：1，2 表示平均含碳量；3 表示沸腾钢、半镇静钢或含锰量较高的特别标注。

例如：45 钢表示优质碳素结构钢，平均碳含量为 0.45% 的镇静钢；20 钢表示优质碳素结构钢，平均碳含量为 0.20% 的镇静钢。

08F 钢表示优质碳素结构钢，平均碳含量为 0.08% 的沸腾钢。

65Mn 钢表示优质碳素结构钢，平均碳含量为 0.65%，锰含量为 0.9% ~ 1.20% 的镇静钢；20Mn 钢表示优质碳素结构钢,平均碳含量为 0.20% ,锰含量为 0.7% ~ 1.0% 的镇静钢。

专门用途的优质碳素结构钢,可按优质碳素结构钢的表示方法表示,但在钢号的尾部加上表示用途的字母。例如,20g(锅炉钢)、20R(压力容器用钢)、16q(桥梁用钢)。

1.1.2.2 优质碳素结构钢的用途

优质碳素结构钢简称碳结钢,俗称优钢。它是各种机器的零部件制造用钢。

(1) 08 钢和 08F 钢,用于轧制薄板、深冲制品、油桶、高级搪瓷制品,也可用于制作管子、垫片及心部强度要求不高的渗碳和氰化零件、电焊条等。

(2) 10 钢和 10F 钢,用 4mm 以下冷压深冲制品,如深冲器皿、炮弹弹体,也可制造锅炉管、油桶顶盖及钢带、钢丝、焊接件、机械零件。

(3) 15 钢和 15F 钢,用于制造机械上的渗碳零件、紧固零件、冲锻模件及不需热处理的低负荷零件,如螺栓、螺钉、法兰盘及化工机械用储器、蒸汽锅炉等。

(4) 20 钢,用于不经受很大应力而要求韧性的各种机械零件,如拉杆、轴套、螺钉、起重钩等;也可用于制造在 6MPa、450℃ 以下非腐蚀介质中使用的管子、导管等;还可以用于心部强度不大的渗碳及氰化零件,如轴套、链条的滚子、轴以及不重要的齿轮、链轮等。

(5) 25 钢,用作热锻和热冲压的机械零件,金属切削机床上氰化零件以及重型和中型机械制造中负荷不大的轴、辊子、连接器、垫圈、螺栓、螺帽等，还可用作铸钢件。

（6）30钢，用作热锻和热冲压的机械零件、冷拉丝，重型和一般机械用的轴、拉杆、套环以及机械上用的铸件，如汽缸、汽轮机机架、轧钢机机架和零件、机床机架及飞轮等。

（7）35钢，用于制作热锻和热冲压的机械零件，冷拉和冷顶锻钢材、无缝钢管、机械制造中零件、铸件、重型和中型机械制造中的锻制机轴、压缩机汽缸、减速器轴，也可用来铸造汽轮机机身、飞轮和均衡器等。

（8）40钢，用于制造的机器运动零件，如辊子、轴、连杆、圆盘等以及火车的车轴，还可用于冷拉丝、钢板、钢带、无缝管等。

（9）45钢，用以制造蒸汽透平机、压缩机、泵的运动零件；还可代替渗碳钢制造齿轮、轴、活塞销等零件(零件需经高频或火焰表面淬火)；并可用作铸件。

（10）50钢，用于制造耐磨性要求高、动载荷及冲击作用不大的零件，如铸造齿轮、拉杆、轧辊等；制造比较次要的弹簧、农机上的掘土犁铧、重负荷的心轴与轴等，并可制造铸件。

（11）55钢，用于制造连杆、轧辊、齿轮、扁弹簧、轮圈、轮缘等，也可作铸件。

（12）60钢～65钢，用于制造弹簧、弹簧圈、各种垫圈、离合器以及制造一般机械中的轴、轧辊、偏心轴等。

（13）70 钢~85 钢，用来制造弹簧和发条、制造钢丝绳用的钢丝及高硬度的机件，如犁、铧、电车车轮等。

（14）15Mn 钢~25Mn 钢，用于制造中心部分的力学性能要求较高且需渗碳的零件。

（15）30Mn 钢~35Mn 钢，主要用来制造螺栓、螺帽、螺钉杠杆、掣动踏板等，并可用冷拉制造在高应力下工作的细小零件，如农机上的钩、环、链等。

（16）40Mn 钢~45Mn 钢，用于制造承受疲劳负荷下的零件，如曲轴、连杆等；也可用作高应力下工作的螺钉、螺帽等。

（17）50Mn 钢~55Mn 钢，用于制造耐磨性要求高、在高负荷下热处理的零件，如齿轮、齿轮轴、摩擦盘、滚子及弹簧。

（18）60Mn 钢~70Mn 钢，用于制造弹簧及犁铧等。

1.1.3 低合金高强度结构钢

1.1.3.1 钢号的表示方法

低合金高强度钢的定义是钢中的合金元素总量不超过5%，屈服强度比普通碳素结构钢好，且具有良好的焊接性能和耐腐蚀性能的钢，包括五个钢号（Q295、Q345、Q390、Q420、Q460）。

低合金高强度结构钢的牌号由代表屈服点的字母、屈服点下限数值、质量等级符号、脱氧方法符号等四个部分按顺序组成。

例如：Q345 – A·F

Q——钢材屈服点"屈"字汉字拼音首位字母；

345——屈服点下限值为345MPa；

A～E——分别为质量等级；

F——沸腾钢"沸"字汉语拼音首位字母；

b——半镇静钢"半"字汉语拼音首位字母；

Z——镇静钢"镇"字汉语拼音首位字母；

TZ——特殊镇静钢"特镇"两字汉语拼音首位字母；

在牌号组成表示方法中，"Z"与"TZ"代号可以省略。

1.1.3.2　用途

低合金高强度结构钢旧标准称为低合金结构钢，又叫普通低合金结构钢。

（1）牌号Q295钢，钢中只含有极少量的合金元素，强度不高，但有良好的塑性、冷弯、焊接及耐蚀性能，主要用于建筑结构，工业厂房，低压锅炉，低、中压化工容器，油罐，管道，起重机，拖拉机，车辆及对强度要求不高的一般工程结构。

（2）牌号Q345、Q390钢，综合力学性能好，焊接性能、冷热加工性能和耐蚀性能均好，C、D、E级钢具有良好的低温韧性，主要用于船舶、锅炉、压力容器、石油储罐、桥梁、电站设备、起重运输机械及其他较高载荷的焊接结构件。

（3）牌号 Q420 钢，强度高，特别是在正火或正火加回火状态有较高的综合力学性能，主要用于大型船舶，桥梁，电站设备，中、高压锅炉，高压容器，机车车辆，起重机械，矿山机械及其他大型焊接结构件。

（4）牌号 Q460 钢，强度最高，在正火、正火加回火或淬火加回火状态有很高的综合力学性能，全部用铝补充脱氧，质量等级为 C、D、E 级，可保证钢的良好韧性的备用钢种，主要用于各种大型工程结构及要求强度高、载荷大的轻型结构。

1.1.4　合金结构钢

合金结构钢牌号用碳含量（两位数）、合金元素及含量、优质程度等四部分来表示。具体表示方法如下：

（1）碳含量用钢中平均碳含量的万分之几表示。

（2）主要合金元素含量，除个别钢号外，一般都用合金元素含量的百分之几表示。若合金元素含量低于 1.5%，在钢号中只标出元素，而不标明含量，若合金元素含量为 1.5% ~ 2.49%，2.5% ~ 3.49%，…，则相应地在元素符号后标出阿拉伯数字 2，3，…。

（3）高级优质钢则在钢号后加一个"A"。

例如：20Cr 说明它的平均碳含量为 0.20%，铬（Cr）的含量低于 1.5%。

18Cr2Ni4WA 说明它的平均碳含量为 0.18%，铬（Cr）的含量为 1.5% ~ 2.49%，镍（Ni）的含量为 3.5% ~ 4.49%，钨

（W）的含量低于 1.5%，是高级优质钢。

滚动轴承钢是一类专用钢，为表示钢的用途，在钢号前面冠以"G"（"滚"字的汉语拼音首位字母），而不标出碳含量。滚动轴承钢一般为铬轴承钢，其钢号为字母"G"后面加"Cr 数字"，数字表示铬含量的千分之几，其他合金元素仍用百分之几表示。例如 GCr15 表示铬含量为 1.5% 的滚动轴承钢；GCr15SiMn 表示 Cr 的含量为 1.5%，Si、Mn 的含量分别小于 1.5% 的滚动轴承钢。滚动轴承钢本身为高级优质钢，钢号后不再标"A"。

1.1.5 其他结构钢

1.1.5.1 易切削钢

易切削钢牌号用字母"Y"和阿拉伯数字表示。阿拉伯数字表示平均碳含量的万分之几。硫易切削钢或磷易切削钢的牌号中不标出易切削元素符号，而含钙、铅、硒等易切削元素的易切削钢，在牌号尾部应标出易切削元素符号。锰含量较高的易切削钢，在牌号后标出锰元素符号。例如：Y15Pb 表示碳含量为 0.15%，易切削元素铅的含量为 0.15% ~ 0.35%。

易切削钢是含有少量易切削元素，具有良好的被切削加工性能的钢种。它常用于制造各种机器和仪器仪表零件，如螺栓、螺母、销钉、精密仪表零件、光杠、花键轴、齿条、拖拉机传动轴等。

1.1.5.2 低淬透性钢

低淬透性钢是专供感应加热淬火用的淬透性特别低的钢。钢中增加淬透性的元素(主要是锰和硅)，其含量应降低到最低限度，同时加入少量强碳化物形成元素(如钛、钒)。其钢号表示方法与合金结构钢基本相同，但牌号尾部加一字母"d"表示低淬透性钢。例如，55Tid。

1.1.6 碳素工具钢

碳素工具钢牌号用汉语拼音字母符号、碳含量、锰含量及优质程度四部分来表示。

在钢号中，冠以汉语拼音字母"T"，表示碳素工具钢。

(1)碳含量一律以平均含量的千分之几，并采用阿拉伯数字表示。

(2)锰含量较高的碳素工具钢，在其牌号中的阿拉伯数字后加锰元素符号。

(3)高级优质碳素工具钢，应在牌号尾部加"A"。

例如：T7钢表示平均碳含量为0.70%的优质碳素工具钢。

T10A钢表示平均碳含量为1.0%的高级优质碳素工具钢。

碳素工具钢其冷、热加工性能、耐磨性能好，价格低廉，在工具钢中是被广泛采用的钢种。

1.1.7 合金工具钢

合金工具钢是在碳工钢的基础上加入合金元素而形成的钢种，包括量具刃具用钢、耐冲击工具用钢、冷热作模具钢、塑料模具钢。

合金工具钢牌号用碳含量、合金元素及含量三部分来表示。合金工具钢均属于高级优质钢，故钢号后不用再加"A"。

含碳量大于 1.0% 时，钢号中不必标出碳含量；碳含量小于 1.0% 时，钢号中用碳含量的千分之几表示。

合金元素含量的表示方法与合金结构钢基本相同。但铬含量低的合金工具钢，其铬含量以百分之几表示。

例如：Cr06 钢表示平均碳含量大于 1.0%（实际为 1.3% ~ 1.45%），含合金元素铬的量为 0.6%。

9Mn2V 钢表示平均碳含量小于 1.0%（实际为 0.85% ~ 0.95%），合金元素锰含量为 1.50% ~ 2.49%（实际为 1.70% ~ 2.00%），钒含量小于 1.50%（实际为 0.1% ~ 0.25%）。

1.1.8 高速工具钢

高速工具钢牌号以汉语拼音字母"W"打头，后面以合金元素及其含量来表示。合金元素含量表示方法与合金结构钢相同。例如：W6Mo5Cr4V2 钢表示碳含量不标出，（实际为 0.80% ~ 0.90%），钨含量为 6%（实际为 5.50% ~ 6.75%），钼含量为 5%（实际为 4.50% ~ 5.50%），铬含量为 4%（实际为 3.80% ~ 4.40%），钒含量为 2%（实际为

1.75% ~ 2.20%)。如果两个钢号除碳含量之外，其余合金元素含量均相同，则为了区别起见，仅标出一个碳含量（碳含量较高钢号）。如 W18Cr4V 和 9W18Cr4V，它们的碳含量分别为 0.70% ~ 0.80% 和 0.90% ~ 1.00%，其余都一样。

高速工具钢是一种适用于高速切削的高碳高合金工具钢，其突出特点是具有很高的热硬性。

1.1.9 特殊性能钢

特殊性能钢包括不锈钢、耐热钢和高电阻电热合金钢等。

这几个钢种都用碳含量、合金元素及其含量来表示钢号。

碳含量以千分之几标出；含碳量不大于 0.08% 时，钢号前用一个 "0" 表示，含碳量不大于 0.03% 时，钢号前用 "00" 表示。

合金元素及其含量的表示方法与合金结构钢相同。

例如：2Cr13 钢表示平均碳含量为 0.2%（实际为 0.16% ~ 0.25%），铬含量为 13%（实际为 12.00% ~ 14.00%）。

0Cr19Ni9 钢表示碳含量不大于 0.08%，铬含量为 19%（实际 18.00% ~ 20.00%），镍含量为 9%（实际为 8.00% ~ 10.50%）。

1.2 常用钢种化学成分

常用钢种化学成分见表 1 - 2。

表1-2 常用钢种化学成分　　　　　　　　　　　　　　　　（%）

牌号	等级	C	Si	Mn	P	S	V	Nb	Ti	Al
					不大于					
Q215	A	0.09~0.15	≤0.30	0.25~0.55	0.045	0.050				
	B	0.09~0.15	≤0.30	0.25~0.55	0.045	0.045				
Q235	A	0.14~0.22	≤0.30	0.30~0.65	0.045	0.050				
	B	0.12~0.20	≤0.30	0.30~0.70	0.045	0.045				
	C	≤0.18	≤0.30	0.35~0.80	0.040	0.040				
	D	≤0.17	≤0.30	0.35~0.80	0.035	0.035				
Q295	A	≤0.16	≤0.55	0.80~1.50	0.045	0.045	0.02~0.15	0.015~0.060	0.02~0.20	
	B	≤0.16	≤0.55	0.80~1.50	0.040	0.040	0.02~0.15	0.015~0.060	0.02~0.20	
Q345	A	≤0.20	≤0.55	1.00~1.60	0.045	0.045	0.02~0.15	0.015~0.060	0.02~0.20	
	B	≤0.20	≤0.55	1.00~1.60	0.040	0.040	0.02~0.15	0.015~0.060	0.02~0.20	
	C	≤0.20	≤0.55	1.00~1.60	0.035	0.035	0.02~0.15	0.015~0.060	0.02~0.20	≥0.015
	D	≤0.18	≤0.55	1.00~1.60	0.030	0.030	0.02~0.15	0.015~0.060	0.02~0.20	≥0.015
	E	≤0.18	≤0.55	1.00~1.60	0.025	0.025	0.02~0.15	0.015~0.060	0.02~0.20	≥0.015

1.3 钢中各主要元素对钢组织性能的影响

1.3.1 碳和杂质元素对碳钢组织性能的影响

碳钢中除了铁和碳两个主要元素外，在炼钢过程中不可避免要加入一些杂质元素。如 Si、Mn、P、S、非金属夹杂物及 O_2、N_2、H_2 等气体，这些元素对钢的组织和性能有比较大的影响，下面进行介绍。

1.3.1.1 碳的影响

(1) 随着碳含量的增加，碳钢中的渗碳体数量随之增加，因此，硬度成直线上升。

(2) 当碳含量小于 0.9% 时，随着含碳量的增加，碳钢的强度提高，而塑性，韧性均降低，含碳量大于 0.9% 时，由于渗碳体数量随着碳含量的增加而急剧增多，而且明显地成网状分布在奥氏体晶界上，不仅降低了钢的塑性和韧性，而且明显地降低了碳钢的强度。

(3) 含碳量增加，碳钢的耐侵蚀性降低。

(4) 含碳量增加，碳钢的焊接性能和冷加工性能变坏。

1.3.1.2 锰的影响

锰(Mn)在碳钢中的含量一般为 0.25% ~ 0.8%，在具有较高锰含量的碳钢中，锰含量可达 1.2%，在碳钢中，锰属于有益元素。

锰可以在碳钢中脱氧除硫，防止形成 FeO(降低了钢的脆性)和在相当程度上消除硫在钢中的有害影响，改善钢的热加工性能。

锰对碳钢的力学性能有良好的影响，它能提高钢经热轧后的强度和硬度。在锰含量不高时(小于 0.8%)，锰可以稍微提高或者不降低碳钢的面缩率(ψ)和冲击性(α_k)，在碳钢的锰含量范围内，每增加 0.1% Mn，大约使热轧钢材的抗拉强度增加 7.8 ~ 12.7MPa，而伸长率约减小 0.4%，锰提高热轧后强度、硬度，原因是锰溶入铁素体引起固溶强化，并使轧后冷却时晶粒细化。

综上所述，由于锰的有益作用，在冶炼时应把含锰量控制在钢号成分规格的上限。

1.3.1.3 硅的影响

硅在碳钢中的含量不大于 0.5%。硅也是钢中的有益元素，这是因为：

(1) 硅的脱氧能力比锰强，可防止生成 FeO，改善了钢质。

(2) 硅可溶于铁素体，提高钢的强度、硬度，冲击韧性下降不明显(每增加 0.1% Si，可使钢的抗拉强度提高 7.8 ~ 8.8MPa，伸长率下降约 0.5%)，但是当硅含量超过 0.8% ~ 1.0%时，则引起面缩率下降，特别是冲击韧性显著降低。

1.3.1.4 硫的影响

一般说来，硫是有害元素，它来自生铁原料、炼钢时加入的矿石和燃烧产物中的二氧化硫。

(1) 硫的最大危害是引起钢在热加工时开裂，即产生所谓热脆。造成热脆的原因是由于硫的严重偏析，在即使不算很高的平均硫含量下，也会出现$(Fe + FeS)$共晶体分布于奥氏体晶界上，$(Fe + FeS)$共晶体的熔点很低，只有988℃。在热加工时(1150 ~ 1250℃)，由于低熔点的共晶体$(Fe + FeS + FeO)$熔化，而使钢沿晶界开裂，为了消除硫的热脆，可以在钢中加入锰。

(2) 室温时，硫是以硫化物夹杂的形式存在于钢中，硫化物夹杂对钢的力学性能有很大的影响。随着硫化物夹杂含量的增加，使钢的塑性和韧性降低，同时，使钢的各向异性增加，钢的热加工性能变差。

(3) 硫的有益作用。它能提高钢材的切削加工性能。在易切削钢中，硫含量为 0.08% ~ 0.2%，同时锰含量为 0.5% ~ 1.2% 。

综上所述，在大多数情况下，由于硫的有害影响，同时考虑硫的偏析倾向很大，所以，一般对钢的硫含量限制严格：

普碳钢——S≤0.055%；

优质钢——S≤0.045%；

高级优质钢——S≤0.025%。

1.3.1.5 磷的影响

一般来说，磷是有害杂质元素，它来源于矿石和生铁。钢中残余磷含量与冶炼方法有很大关系。例如，侧吹转炉钢的磷含量较高，为 0.07% ~0.12%，氧气顶吹转炉钢和碱性平炉钢磷含量为 0.02% ~0.04%，电炉钢磷含量小于 0.02%。

（1）磷能提高钢的强度，但会使塑性、韧性降低，特别是钢的脆性转化温度急剧升高，即提高钢的冷脆性（低温变脆），磷的有害影响主要就在于此。

（2）碳含量低的钢中，磷的冷脆危害较小，在这种情况下，可以用磷来提高钢的强度。例如，高磷钢，磷含量为 0.08% ~0.12%，碳含量小于 0.08%。

（3）磷有其他有益作用，如增加钢的抗大气腐蚀能力、提高磁性、改善钢材的切削加工性（在易切削钢中常加入 0.08% ~0.15% 磷）、减少迭轧薄板带来的黏结。

综上所述，由于磷的有害作用，同时考虑到磷有较大的偏析，因而对其含量要严格加以限制。

1.3.1.6 非金属夹杂物的影响

在炼钢过程中，少量炉渣、耐火材料及冶炼中反应产物可能进入钢液形成非金属夹杂物，例如氧化物、硫化物、硅酸盐等，它们的存在破坏了金属基体的连续性。

（1）非金属夹杂物导致应力集中，引起疲劳断裂。

（2）数量多且分布不均匀的夹杂物会明显降低钢的塑性、韧性、焊接性及耐腐蚀性。

（3）钢内呈网状存在的硫化物会造成热脆性。

（4）非金属夹杂物促使钢形成纤维组织与带状组织，使材料具有各向异性，严重时，横向塑性仅为纵向塑性的一半，并使钢的冲击韧性大为降低。

总之，对重要用途的钢（滚动轴承钢、弹簧钢）要检查非金属夹杂物的数量、形状、大小与分布情况。

1.3.1.7 氧的影响

在炼钢过程中，借助氧化把钢液中的夹杂元素去除掉。因此，氧起了一定的积极作用，但是，氧对固态钢是有害的。因此，在氧的积极作用充分发挥以后，必须把氧除掉。

（1）在钢中，氧几乎全是以氧化物夹杂的形式存在的，它使钢的塑性、韧性降低；在钢的抗拉强度较高时，也使钢的疲劳强度降低。

（2）氧化物夹杂使钢的耐腐蚀性、耐磨性降低，使冷加工性及切削加工性变坏。

（3）氧在钢中会引起"热脆"。

1.3.1.8 氮的影响

氮的影响如下：

（1）591℃时，氮在铁素体中的溶解度最大，约为0.1%，但在室温时则降至0.001%以下。若将氮含量较高的钢自高温较快地冷却时，会使铁素体中的氮过饱和。在室温或稍高温度下，氮将逐渐以 Fe_4N 的形式析出，造成钢的强度、硬度提高，塑性、韧性大大降低，使钢变脆，这种现象称为时效脆性。所以，对于普通低合金钢来说，时效脆性是有害的，因而氮是有害元素，解决方法是向钢中加入足够数量的 Al，使之除与氧结合外，在热轧以后的缓冷过程中（700～800℃）与氮结合形成 AlN，这样就可以减弱或完全消除室温时发生的时效现象。

（2）此外，利用弥散的 AlN 可以阻止钢在加热时奥氏体晶粒的长大，从而获得细晶粒的钢。另外，在一些含有 Al、V、Ni 并同时含有 N 的普通低合金结构钢中，利用形成特殊的氮化物（AlN、VN、NbN）使铁素体强化并细化晶粒，钢的强度和韧性可以显著提高。在这种情况下，氮便从有害变成了有益。

（3）通过氮化热处理方法使机器零件获得了极好的综合力学性能，从而使零件的使用寿命延长。

1.3.1.9 氢的影响

氢在钢中是有害元素，表现在两个方面：

（1）氢溶入钢中使钢的塑性和韧性降低，引起所谓"氢脆"。

（2）氢分子引起白点。热加工时，氢对钢的塑性没有明显的影响，因为当加热到 1000℃ 左右时，氢就部分地从钢中析出。但对某些含氢量较多的钢种，热加工后钢又较快冷却，会使从固溶体析出的氢原子来不及向钢表面扩散，而集中在晶界和显微空隙处形成氢分子并产生相当大的应力，在组织应力、温度应力和氢析出所造成内应力的共同作用下，会在钢中出现微细裂纹，即"白点"，该现象在合金钢中尤为严重。

1.3.2 合金元素对钢的性能的影响

合金元素加入钢中，不仅与 Fe、C 发生作用，而且合金元素之间也会发生相互作用，从而对钢的基体相、Fe – Fe₃C 相图、钢加热和冷却时的转变等方面造成很大影响，下面进行简单介绍。

1.3.2.1 镍

(1) 镍(Ni)能提高钢的强度和塑性，能减慢钢在加热时晶粒的长大。

(2) 镍钢的导热能力很低，故加热时速度不宜很高。

(3) 镍含量小于 5% 时，可改善钢在热变形时的塑性，而当镍含量为 9% 时，可使热变形钢的塑性下降。

(4) 镍可促使钢中的硫引起红脆现象。和锰的作用相反，镍可促使硫化物沿晶界分布，因此，在含镍的钢中，提高硫的含量可引起红脆现象。

1.3.2.2 铬

(1) 高铬钢在再结晶温度以上时，晶粒长大倾向明显，因此要得到所需要的变形组织，必须严格控制加工温度范围。

(2) 铬钢的导热性差，为了避免产生纵向裂纹，在较低温度下应缓慢而均匀地加热。对导热性低、膨胀系数大的高铬钢(Cr25、Cr28)，加热时应更加谨慎。

1.3.2.3 硅、铝

（1）硅（Si）：硅在钢中大部分溶于铁素体，可使铁素体强化。在 γ 钢中，硅含量大于 0.5% 时，对塑性产生不良影响；当硅含量大于 2% 时，使钢的塑性降低；当硅含量为 4.5% 时，在冷状态下钢变得很脆，若加热到 100℃ 左右塑性就有显著改善。一般冷轧硅钢片的硅含量限制在 3.5% 左右。此外，硅钢加热时脱碳较严重。

（2）铝（Al）：铝对碳钢及低合金钢的塑性会产生有害作用。铝作为合金元素加入到钢中，是为了得到特殊性能。铝含量较高的铬铝合金，在冷状态下塑性较低。

1.3.2.4 铜

实践表明，钢中的铜含量达到 0.15% ~ 0.30% 时，热加工时的钢表面会产生龟裂，其原因是含铜钢表面的铁在加热过程中先进行氧化，使该处铜的浓度逐渐增加，当加热温度超过富铜相的熔点（1085℃ 左右）时，表面的富铜相便发生熔化而渗入到金属内部的晶界处，削弱了晶粒间的联系，故在外力作用下便会发生龟裂。提高含铜钢的塑性，关键在于防止表面氧化。因此，应尽量缩短在高温时的加热时间，适当降低加热温度。

2

热轧的产品分类及生产工艺过程

2.1　轧制产品的分类及产品特点

　　钢铁的用途十分广泛，在国民经济中起着十分重要的作用。可以说钢铁生产的水平是衡量一个国家工业、农业、国防和科学技术水平的重要标志。然而，直接与国民经济的各工业部门直接相关的，则是钢材。通常在钢的总产量中，除少数采用铸造和锻压等加工方法外，约90%以上的钢材都要经过轧制成材，满足国民经济各部门的需要。当然，各工业部门还需要通过各种后续的加工方式进一步加工成所需要的零件。

　　轧制的品种繁多，目前已达两万种以上。按国家统一分类方法即按分配目录分类可分为十六类。归纳起来为型钢、钢板、钢管、金属制品和其他钢材等五大类。其中型钢包括重轨、轻轨、大型型钢、中型型钢、小型型钢、优质型钢、冷弯型钢和线材；钢板包括中厚钢板、薄钢板、硅钢片和带钢；钢管包括无缝钢管和焊接钢管；金属制品包括钢丝、焊丝、钢丝绳；其他钢材包括钢轨配件、鱼尾板、车轮、盘件、环件、车轴坯、锻件坯和钢球料等。下面对十六类钢材分别作简单的介绍：

（1）重轨。每 1m 质量大于 24kg 的钢轨，包括起重机轨、接触钢轨和工业轨。

（2）轻轨。每 1m 质量等于或小于 24kg 的钢轨。

（3）大型型钢。包括 18 号以上的工字钢和槽钢(18 号表示工字钢、槽钢的高度，单位为 cm)，90mm 以上圆钢、方钢(90mm 表示圆钢的直径或方钢断面边长)，16 号以上的角钢(16 号表示角钢的边长，单位为 cm)，断面为 1000mm² 以上的扁钢以及大型异型钢。

（4）中型型钢。包括 16 号以上的工字钢和槽钢，38 ~ 80mm 的圆钢，50 ~ 75mm 的方钢，5 ~ 14mm 的角钢，断面为 500 ~ 1000mm² 的扁钢以及中型异型钢等。

（5）小型型钢。包括 10 ~ 36mm 的圆钢、螺纹钢、铆钉钢，10 ~ 25mm 的方钢，4.5 号以下的角钢，断面为 500mm² 以下的扁钢，以及窗框钢、农具钢和小型异型钢等。

（6）线材。直径为 6 ~ 9mm 的热轧圆钢和 10mm 以下的螺纹钢(热轧圆盘条)。

（7）钢带。也称带钢，包括热轧普通钢带、冷轧普通钢带、热轧优质钢带、冷轧优质钢带和镀涂钢带。

（8）中厚钢板。厚度大于 4mm 的钢板，包括普通中厚钢板和优质中厚钢板。

（9）薄钢板。厚度等于或小于 4mm 的钢板，包括热轧普通薄板、热轧优质薄板、冷轧普通薄板、冷轧优质薄板以及不锈钢薄钢板和镀涂薄钢板等。

（10）硅钢片。即电工用硅钢薄板，包括热轧硅钢片和冷轧硅钢片。

（11）优质型材。用优质钢材制成的圆钢、方钢、扁钢、六角钢以及用高温合金、精密合金制成的各种形状的型材等。

（12）无缝钢管。由圆钢或坯经穿孔制成的断面上没有焊缝的钢管，包括热轧无缝钢管和冷轧（拔）无缝钢管。

（13）焊接钢管。用钢带或薄钢板卷焊而成，断面上有焊缝的钢管。按焊缝形式可分为直缝焊管和螺旋焊管；按用途又可分为水煤气输送管、电线套管等多种。

（14）冷弯型钢。原属于中型型钢，现单独列出。冷弯型钢是以钢板或带钢为原料，在冷态（常温）下，通过一系列的成型辊，将其弯曲成所要求的形状和尺寸的型钢。

（15）其他钢材。包括钢轨配件、鱼尾板、车轮、盘件、环件、车轴坯、锻件坯、钢球料等。

（16）金属制品。包括钢丝、焊丝和钢丝绳等。

2.2 钢材的技术要求和产品标准

2.2.1 钢材的技术要求

钢材的技术要求就是为了满足使用上的需要对钢材提出的必须具备的规格和技术性能，例如：形状、尺寸、表面状态、力学性能、物理化学性能、金属内部组织和化学成分等方面的要求。钢材技术要求是由使用单位按用途的要求提出，再根据当时实际生产技术水平的可能性和生产的经济性来制定的，它体现为产品的标准。钢材技术要求有一定的范围，并且随着生产技术水平的提高，这种要求及其可能满足的程度也在不断提高。轧钢工作者的任务就是不断提高生产技术水平来尽量满足使用上更高的要求。

2.2.2 钢材的产品标准

一般包括品种（规格）标准、技术条件（性能标准）、试验标准和交货标准等内容。

2.2.2.1 品种（规格）标准

品种（规格）标准主要规定钢材形状和尺寸精度方面的要求，要求形状正确，消除断面歪扭、长度上弯曲不直和表面不平。尺寸精确度是指可能达到的尺寸偏差的大小。尺寸精确度之所以重要是因为钢材断面尺寸的变化不仅会影响到使用性能，而且与钢材的节约有很大关系。如果钢材尺寸超过了国家标准，不仅满足不了使用的要求，而且会造成金属的浪费，从而使成本增高。钢材断面愈小，这种浪费的百分比也就愈大。例如，直径 6mm 的线材，如果超差 0.2 ~ 0.3mm，便会浪费 4% ~ 10% 的金属。在这方面，采用负偏差轧制是非常必要的。所谓负偏差轧制是在负偏差范围内轧制，实质上就是对轧制精确度的要求提高了一倍，这样自然要节约大量金属，并且还能使金属结构的质量减轻。但应该指出，有些钢材若在使用时还要经过加工处理，则常按正偏差交货。

2.2.2.2 技术条件（性能标准）

技术条件(性能标准)规定钢材质量特征与性能。例如：表面质量、钢材内部化学成分、组织结构及性能等。

产品的表面质量直接影响到钢材的使用性能和寿命。所谓表面质量主要是指表面缺陷的多少、表面光整平坦和光洁程度。产品表面缺陷种类很多，其中最常见的是表面裂纹、结疤、重皮和氧化铁皮等。造成表面缺陷的原因是多方面的，与铸坯、加热、轧制及冷却都有很大关系。因此，在整个生产过程中，都要注意提高钢材的表面质量。

钢材性能包括钢材的力学性能、工艺性能(弯曲、冲压、焊接性能等)及物理化学性能(磁性、抗腐蚀性能等)。其中最主要的是力学性能(强度性能、塑性和韧性等)，有时还要求硬度及其他性能。这些性能可以由拉伸试验、冲击试验及硬度试验确定出来。钢材使用时还要求有足够的塑性和韧性。

钢材性能主要取决于钢材的化学成分及组织结构，因此，在技术条件中规定了化学成分的范围，有时还提出金属组织结构方面的要求，例如：晶粒度、钢材内部缺陷、杂质形态及分布等。生产实践表明，钢的组织是影响钢材性能的决定因素，而钢的组织又取决于化学成分和轧制生产工艺过程，通过控制轧制和控制冷却来控制钢材组织结构状态，从而获得所要求的使用性能。

2.2.2.3　试验标准

试验标准包括做试验时的取样部位、试样形状和尺寸、试验条件和试验方法。

2.2.2.4　交货标准

交货标准对不同钢种及品种的钢材规定交货状态，如热轧状态交货、退火状态下交货、经热处理及酸洗交货等。另外，还规定钢材交货时的包装和标志(涂色和打印)方法以及质量证明书的内容等。

各种钢材根据用途的不同都有各自不同的产品标准或技术要求。由于各种钢材的不同技术要求和不同的钢种特性，因此它们具有不同的生产工艺过程和生产工艺特点。

2.3　热轧生产工艺流程及生产特点

轧制是指金属在旋转的两个轧辊之间受到压缩而产生塑性变形，使其横断面缩小、形状改变、长度增加的一种压力加工方法。

生产不同品种的钢材，其轧制方式是不同的，轧制一般可分为：纵轧、横轧和斜轧。纵轧时，两轧辊旋转方向相反，轧件的运动方向与轧辊轴线垂直。它是轧制生产中应用最为广泛的一种轧制方法，如各种型材和板材都属于纵轧的产品范围。横轧时，两轧辊旋转方向相同，轧件作旋转运动与轧辊转动方向相反，轧件纵轴与轧辊轴线平行。这种轧制方式可以用来生产回转体，如变断面轴、齿轮等。斜轧时，两个工作辊轴线空间交叉一个小角度，其转动方向相同，轧件在轧辊间作旋转前进运动。这种轧制方法广泛应用于生产无缝钢管和较长的变断面型材。

轧制是在轧制设备中进行的。轧制设备也称轧机成套机组，分为主要设备(轧钢机)和辅助设备(如辊道、升降台、剪切机、锯机、矫直机、热处理设备以及控制设备等)。

轧机的种类很多。按轧机用途可分为轧制方坯、扁坯或板坯等的钢坯轧机，轧制型材、板(带)材、管材等的成品轧机，以及轧制车轮、轮箍、钢球等的特种轧机。按轧辊在机架内的布置方式可分为轧辊在机架中水平布置的水平轧机和轧辊在机架内垂直布置的立辊轧机，以及轧辊在机架内既可水平布置又可垂直布置的平立可转换轧机。按轧机的排列方式可分为仅有一架机座的单机座轧机，数架机座横向顺序排列的横列式轧机，数架机座纵向顺序排列的纵列式轧机，数架机座依次纵向顺序排列的连续式轧机，既有非连续式轧机，又有连续式轧机组合的半连续式轧机。

轧机的类型不同，其命名方法也不同。钢坯轧机和型钢轧机一般将轧辊名义直径(齿轮机座的节圆直径)加在轧机名称前来进行命名。如，1150 初轧机，表示轧辊名义直径为1150mm 的初轧机。板带钢轧机一般将轧辊辊身长度数字加在轧机名称前来命名。例如，1700 钢板轧机，表示该轧机轧辊辊身长度为1700mm，能轧制最宽为1500mm 的钢板或带钢。

钢管轧机一般用所轧制钢管的最大外径或外径的尺寸范围和轧机的类型来命名，例如，$\phi140$ 无缝管轧机，20～102 焊管机。

从金属学的观点来看，低于再结晶温度的轧制为冷轧，高于再结晶温度的轧制为热轧。热轧与冷轧相比，首先能消除铸造金属中的某些缺陷，经过加热使金属的塑性提高，变形抗力降低，因此轧制时可增大变形量，有利于提高生产率，降低设备造价，并使电动机的能耗大大降低。但热轧的金属表面质量不够光洁，产品的尺寸不够精确，力学性能也不如冷加工好。

热轧生产工艺过程一般包括原料（钢锭或钢坯）清理、加热、轧制、轧后冷却及精整等工序。轧钢所用的原料有钢锭、轧制坯和连铸坯。轧制加热前必须对原料进行检查和清理，清理的内容主要有表面缺陷的清理、表面氧化铁皮的去除和坯料的预先热处理等。清理的方法有火焰清理、风铲清理、抛丸清理、砂轮研磨以及车削剥皮等方法。轧前需要进行加热（一般为 1100～1300℃），使之成为塑性好的奥氏体状态，然后进行轧制（热轧）。轧制是轧钢生产的中心环节，钢锭先经过初轧机或钢坯轧机轧成各种规格尺寸的半成品（方坯、扁坯或板坯等），这一过程称为初轧或开坯。将钢坯在成品轧机上进行轧制，可获得要求形状和尺寸的钢材。成材的轧制过程一般可分为两个阶段：粗轧阶段，采取较大的压下量，以减少轧制道次；精轧阶段，采取较小的压下量，以获得精确的尺寸和良好的表面质量。轧制后可采取缓冷、空冷或喷水冷等冷却方式。轧后的钢材还需进行精整处理，精整工序通常包括：剪切、矫直、表面加工、热处理、检查分级、成品质量检验、打印记录和包装等。

3

燃料的燃烧过程

气体燃料、液体燃料和固体燃料由于它们燃烧反应参数的不同和各自物理化学特性的差异，而使其燃烧过程各有区别。在工业炉中采用气体燃料，其空气消耗系数 n 的值可以小些，同时也较为容易实现自动化，所以工业炉烧煤气者居多。此外，气体燃料的燃烧过程也比较有代表性，所以本章重点讨论煤气的燃烧过程。对于重油和煤的燃烧过程则只作一般介绍。

3.1 气体燃料的燃烧

3.1.1 气体燃料的燃烧特点

加热炉采用气体燃料与采用固体燃料、液体燃料相比，有如下优点：

（1）煤气与空气易于混合，用最小的空气消耗系数即可实现完全燃烧；

（2）煤气可以预热，故可以提高燃烧温度；

（3）点火、熄火及其燃烧操作过程简单，容易控制，炉内温度、压力、气氛等都比较容易调节；

（4）输送方便，劳动强度小，燃烧时干净，有利于减轻体力劳动和改善生产环境，较易实现自动化。

气体燃料的缺点有：

（1）管路施工及维护等费用高；

（2）燃料价格贵；

（3）储存困难；

（4）煤气有发生爆炸和使人中毒的危险。

3.1.2 气体燃料的燃烧过程

3.1.2.1 燃烧过程

气体燃料的燃烧是一个复杂的物理与化学综合过程。整个燃烧过程可以视为混合、着火、反应三个彼此不同又有密切联系的阶段，它们是在极短时间内连续完成的。

（1）煤气与空气的混合。要实现煤气中可燃成分的氧化反应，必须使可燃物质的分子能和空气中氧分子接触，即使煤气与空气均匀混合。煤气与空气的混合是一种物理扩散现象，它的完成需一定的时间，这个过程比燃烧反应过程本身慢得多。因此，混合速度的快慢，混合的均匀程度都将会直接影响到煤气的燃烧速度及火焰的长短。研究煤气烧嘴时，必须了解煤气与空气两个射流混合的规律和影响因素。煤气及空气自烧嘴口喷出以后，在运动过程中相互扩散，它们的体积膨胀，而速度随之降低，混合的均匀程度基本上取决于煤气与空气相互扩散的速度。要强化燃烧过程必须改善混合的条件，提高混合的速度。

改善混合的途径有：

1）使煤气与空气流形成一定的交角，这是改善混合最有效的方法之一，由于二者相交，机械掺混作用占了主导地位。一般说来，两股气流的交角愈大，混合愈快。显然，在煤气与空气流动速度很慢，并成为平行的层流流动时，其相互的扩散很慢，混合所经历的路径很长，火焰也拉得很长。这时在烧嘴上安设旋流导向装置，造成气流强烈的旋转运动，有利于混合。涡流式烧嘴、平焰烧嘴就充分发挥了旋流的加强混合之优势，取得了较优越的燃烧效果。

2）改变气流的速度。在层流情况下，混合完全靠扩散作用，与绝对速度的大小无关。在紊流状态下，气流的扩散大大加强，混合速度也增大。实验证明，在流量不变的情况下，采用较大的流速比采用较小的流速更有利于混合的改善。此外，改变两股气流的相对速度，使两气流的比值增大，也有利于混合的改善。

3）缩小气流的直径，气体流股的直径越大，混合越困难。如果把气流分成许多细股，可以增大煤气与空气的接触面积，周围质点容易达到流股中心，有利于加快混合速度。许多烧嘴的结构都是基于这一点，把气流分割成若干细股，或采用扁平流股，使煤气与空气的混合条件改善。

（2）煤气与空气混合物的着火。煤气与空气混合物达到一定浓度时，在低温条件下还不能着火，只有加热到一定温度时才能着火燃烧。反应物质开始正常燃烧所需要的最低温度称为着火温度。

各种气体燃料与混合物的着火温度如下：

焦炉煤气	550～650℃
发生炉煤气	700～800℃
高炉煤气	700～800℃
天然气	750～850℃

在开始点火时，需要一火源把可燃气体与空气的混合物点燃。这一局部燃烧反应所放出的热，又把周围可燃物加热到着火温度。从而使火焰传播开来。这样一经点火，燃烧反应便可以继续进行下去。

当可燃混合物中燃料浓度太大或太小时，即使达到了正常的着火温度，也不能着火或不能保持稳定的燃烧。燃料浓度太小时，着火后发出的热量不足以把邻近的可燃混合物加热到着火温度；燃料浓度太大时，相对空气的比例不足，也不能达到稳定的燃烧。要保持稳定的燃烧，必须使煤气处于一定的浓度极限范围。在点火时，如果出现点不着或不稳定燃烧的情况，就要调节煤气与空气的比例。着火浓度极限与煤气的成分有关，也和气体的预热温度有关，如果煤气与空气预热到较高温度，则浓度极限范围将加宽，即可燃混合物容易着火。正常燃烧时，炉膛内温度很高，可以保证燃烧稳定进行。掌握煤气的着火温度和着火浓度极限对正常生产的炉子不仅在操作和管理上有实际意义，而且在煤气的防火、防爆炸等安全技术方面都有重要意义。比如，在煤气储存和运输管路附近不允许有引火物，也不能存在任何使煤气温度达到着火点的高温热源。

（3）空气中的氧与煤气中的可燃物完成化学反应。空气与煤气的混合物加热到着火温度以后，就产生激烈的氧化反应，这就是燃烧。燃烧反应本身是一个化学过程，化学反应的速度和反应物质的温度有关，温度越高，反应的速度越快，燃烧反应本身的速度是很快的，实际上是在一瞬间完成的。

燃烧反应是一个化学反应过程，一个具体的燃烧反应方程式只能表明它的初态和末态，并不能反映出它的整个燃烧过程，根据研究，煤气中可燃成分的燃烧反应是经过许多中间过程才实现的，属于连锁反应。

在上述三个阶段中，对整个燃烧过程起最直接影响的是煤气与空气的混合过程。要提高燃烧强度，必须很好地控制混合过程。所以，煤气与空气的混合是最关键的环节。

3.1.2.2 燃烧方法

根据煤气与空气在燃烧时混合情况的不同，气体燃料的燃烧方法（包括燃烧装置）分为两大类，即有焰燃烧和无焰燃烧。

（1）有焰燃烧。有焰燃烧的主要特点是煤气与空气预先不混合，各以单独的流股进入炉膛，边混合边燃烧，混合和燃烧两个过程在炉内同时进行。如果燃料中含有碳氢化合物，容易热分解产生固体碳粒，因而可以看到明显的火焰，所以火焰实际表示了可燃质点燃烧后燃烧产物的轨迹，碳粒的存在能提高火焰的辐射能力，对炉气的辐射传热有利。能否看到"可见"的火焰，不仅与混合条件有关，也要看煤气中是否含有大量可分解的碳氢化合物，如果没有这些碳氢化合物，采用"有焰燃烧"时，实际上火焰轮廓也是不明显的。

有焰燃烧的主要矛盾在于煤气与空气的混合，混合得愈完善，则火焰愈短，燃烧过程在较小的火焰区域内进行，火焰的温度比较高。当煤气与空气混合不好，则火焰拉长，火焰温度较低，可以通过火焰来控制炉内的温度分布。在实践中，改变火焰长度的方法主要是从改变混合条件着手，即喷出的速度、喷口的直径、气流的交角以及机械搅动等。这些影响因素就是设计和调节烧嘴的依据。

由于煤气与空气是分别进入烧嘴和炉膛的，因此可以把煤气与空气预热到较高的温度，而不受着火温度的限制，预热温度越高，着火越容易。但是，由于边混合边燃烧，混合条件不好时容易造成化学不完全燃烧。所以有焰燃烧法的空气消耗系数必须高于无焰燃烧。随着空气消耗系数的增大，氧的浓度增大，使得燃烧完全，火焰长度缩短。但是，空气消耗系数达到一定值以后，火焰长度基本保持不变，而形成较多的氮氧化合物。

在燃烧过程中，火焰好像一层一层地向前推移，火焰锋面连续向前移动，这种现象称为火焰的传播，火焰前沿向前推移的速度称为火焰传播速度。各种可燃气体的火焰传播速度是靠实验方法测定的，而且随着条件的变化测定数据各异。

在各种可燃气体中，氢的火焰传播速度最大，一氧化碳、乙烯次之，甲烷最小。火焰传播速度的概念对燃烧装置的设计与使用是很重要的，因为要保持火焰的稳定性，必须使煤气与空气喷出的速度与该条件下的火焰传播速度相适应。否则，如果喷出速度超过火焰传播速度，火焰就会发生断火（或脱火）而熄灭；反之，如果喷出速度小于火焰传播速度，火焰会回窜到烧嘴内，出现回火现象，所以煤气空气的流速实际上要与火焰传播速度相互平衡，才能保持稳定的火焰。

影响火焰传播速度大小的主要因素有：燃料的种类和成分、空气消耗系数的大小、烧嘴的结构形式、煤气和空气的预热温度、向外散热情况等。

（2）无焰燃烧。如果将煤气与空气在进行燃烧之前预先混合再进入炉内，燃烧过程要快得多。由于较快地进行燃烧，碳氢化合物来不及分解，火焰中没有或很少有游离的碳粒，看不到明亮的火焰，或者火焰很短，这种燃烧方法称为无焰燃烧。

无焰燃烧的主要特点是：

1）空气消耗系数小；

2）由于过剩空气量少，燃烧温度比有焰燃烧高，高温区集中；

3）没有"可见的火焰"，火焰辐射能力不及同温度下有焰燃烧；

4）由于煤气与空气要预先混合，所以不能预热到过高的温度，否则会发生回火现象，一般限制在混合后温度不超过

$400 \sim 450℃$;

5) 煤气与空气的混合需要消耗动力，喷射式无焰烧嘴的空气是靠煤气的喷射作用吸入的，煤气则需要较高的压力，必须有煤气加压设备；

6) 为了防止发生回火爆炸，所以单个烧嘴能力不能过大（过大时烧嘴的结构、安装、维修都很困难），但是因为它可以自动按比例地吸入燃烧需要的空气，因而可以省去了庞大的供风系统，从而使得整个炉子结构变得十分紧凑、简单，特别是对多烧嘴的热处理炉，这一优点更加明显。

3.2 液体燃料的燃烧

加热炉常用的液体燃料是重油，也有使用焦油和柴油的。因为重油是由不同族液体碳氢化合物和溶于其中的固体碳氢化合物组成的，是一种混合物，因此重油没有十分确定的理化性能。下面介绍重油的燃烧过程。

3.2.1 重油的雾化

与煤气一样，要使液体燃料燃烧，必须使液体燃料质点与空气中的氧接触。为此，重油燃烧前必须先进行雾化，以增大其和空气接触的面积。重油雾化是借助某种外力的作用，克服油本身的表面张力和黏性力，使油破碎成很细的雾滴。这些雾滴颗粒的直径不等，在 $10 \sim 200\mu m$ 之间，为了保证良好的燃烧条件，小于 $50\mu m$ 的油雾颗粒应占 85% 以上。实验结果证明，油雾颗粒太大，燃烧时产生了大量黑烟，燃烧不完全，温度提不高。油雾颗粒的平均直径是评价雾化质量的主要指标。

影响雾化效果的因素有以下几点：

（1）重油的温度。提高重油温度可以显著降低油的黏度，表面张力也有所减小，可以改善油的雾化质量。要保证重油烧嘴前的黏度不高于 5～10°E。

（2）雾化剂的压力和流量。低压油烧嘴和高压油烧嘴都是用气体作雾化剂的。雾化剂以较大的速度喷出，依靠气流对油表面的冲击和摩擦作用进行雾化。当外力大于油的黏性力和表面张力时，油就被击碎成细的颗粒；此时的外力如仍大于油颗粒的内力，油颗粒将继续碎裂成更细的微粒，直到油颗粒表面上的外力和内力达到平衡为止。

雾化剂的相对速度（即雾化剂流速与重油流速之差）和雾化剂的单位消耗量（每公斤油用多少公斤或立方米雾化剂）对雾化质量的影响比较明显。实践表明，雾化剂的相对速度与油颗粒直径成反比，即速度愈大，颗粒愈小。当油烧嘴出口截面一定时，增大雾化剂压力，意味着雾化剂的流量增加，流速加大，使雾化质量得到改善。

（3）油压。采用气体雾化剂时，油压不宜过高，因为油压过高，油的流速太大，雾化剂来不及对油流股起作用使之雾化。低压油烧嘴的油压在 0.1MPa 以下，高压油烧嘴油压可达到 0.5MPa 左右。

有的机械雾化油烧嘴是靠油本身以高速喷出，造成油流股的强烈脉动而雾化的。油的喷出速度越大雾化越好，所以要求有较高的油压,约在 1 ~ 2MPa 之间,油压越高,雾化质量越好。

(4) 油烧嘴结构。常采用适当增大雾化剂和油流股的交角,缩小雾化剂和油的出口截面(使截面成为可调的),使雾化剂造成流股的旋转流动等措施,来改善雾化质量。

3.2.2 油雾与空气的混合

与气体燃料相同,油雾与空气的混合也是决定燃烧速度与质量的重要条件,实际上影响混合的最关键的因素还是雾化的质量,雾化的油颗粒越细,混合条件越好。在实际生产中,控制油的燃烧过程,就是通过调节雾化和混合条件来实现的。

3.2.3 预热

重油必须预热到着火温度,才能发生燃烧反应。在预热过程中,重油的沸点只有 200 ~ 300℃,而着火温度在 600℃以上,因此油在燃烧前先变为蒸汽,蒸汽比液滴容易着火,为了加速重油燃烧,应使油更快地蒸发。重油的碳氢化合物中,有的可以汽化,有的不能,蒸发的结果会留下一些固体残渣。应使这部分残渣颗粒不要太大,以便其同油蒸汽一起燃烧,这也牵涉到雾化的质量。

当油和油蒸汽与空气中的氧接触达到着火温度后便会立即燃烧,但是,在高温下的油粒和油蒸汽中没有接触氧的部分,则其中的碳氢化合物就会受热分解并产生微粒碳和氢。

重油燃烧不好时，往往会冒出大量黑烟，就是因为重油热分解，在火焰中含有大量固体碳粒的结果。

另外，没有来得及蒸发的油颗粒，如果在高温下没有与氧接触，还会发生裂化现象。裂化的结果，一方面会产生一些相对分子质量较小的气态碳氢化合物；另一方面会剩下一些固态的较重的分子，这种现象严重时，会在油烧嘴中发生结焦现象。为了避免这种现象的发生，应当尽力提高雾化质量，改善油雾与空气的混合，使重油在达到着火温度时能立即燃烧。

由于重油燃烧时不可避免地发生热解和裂化，火焰中游离着大量的碳粒，使火焰呈橙色或黄色，这种火焰比不发光的火焰辐射能力强。

3.2.4 着火燃烧

油蒸汽及热解、裂化产生的气态碳氢化合物，与氧接触并达到着火温度时，便激烈地完成燃烧反应；其次，固态的碳粒、石油焦在这种条件下也开始燃烧。在火焰的前沿面上温度最高，热不断传给邻近的油颗粒，使火焰扩展开来。

综上所述，重油的燃烧是雾化、混合、预热、着火等过程的综合，燃烧的各环节互相联系又相互制约，一个过程不完善重油就不能顺利燃烧，一个过程不能实现火焰就会熄灭。例如，当调节油烧嘴时，突然将油量加大，而未及时调节雾化剂量和空气时，则由于大量油喷入炉内而得不到很好雾化与混合，因而不能立即着火。这时火焰就会脱离油烧嘴，出现脱火现象，继续发展下去，火焰就会熄灭。这些喷入的油大量蒸发，油蒸汽逐渐与空气混合到着火的浓度极限，温度又达到着火温度时，会发生突然着火，像爆炸一样。生产中应力求避免这类现象，保持燃烧的稳定。煤气燃烧好坏主要取决于煤气和空气的混合，而重油燃烧的好坏主要取决于雾化程度，雾化程度越好，油滴越细，表面积越大，加热也快，氧也极易渗入，燃烧速度快，即使形成未燃烧的碳粒，但颗粒极其细小，小颗粒的碳不仅能很快地燃烧，而且还增加了火焰的辐射能力。

3.3 固体燃料的燃烧

我国有极为丰富的煤炭资源，如何更好地充分利用这些资源，是一个十分重要的研究课题。

3.3.1 块煤的燃烧

块煤的层状燃烧过程与发生炉的气化过程相仿。当煤加入燃烧室以后，受到热气体的作用，在预热带放出水分和挥发分，干馏的残余物(焦炭)向下进入还原带。空气从炉栅下面鼓入，在氧化层与碳发生燃烧反应，生成 H_2O、CO_2 和少量 CO。CO_2 及 H_2O 在通过还原带时被碳还原，生成的 CO、H_2 及干馏产生的挥发物继续在煤层上面燃烧。

当煤层很薄时，实际上不存在还原带，煤完全燃烧生成 CO_2 和 H_2O。只有当煤层较厚时，氧化带上面才有一个还原带，使燃烧生成的 CO_2 及 H_2O 的一部分被还原成 CO 及 H_2，即在煤层上面存在较多的不完全燃烧产物，在炉膛内可以继续燃烧。这就是薄煤层与厚煤层燃烧的不同。厚煤层燃烧又称半煤气燃烧法。

在要求高温的炉膛中，宜采用厚煤层燃烧法。燃料在燃烧室内是不完全燃烧，此时助燃的空气只有一部分从燃烧室下部进入，称作一次空气。烟气中还有许多可燃性气体及挥发物，为了使这部分可燃物在炉膛内燃烧，需要在煤层上部再送入一部分助燃的空气，称为二次空气。

3.3.2 粉煤的燃烧

粉煤燃烧是把煤磨到一定的细度(一般为 0.05 ~ 0.07mm)后，用空气或其他气体输送，喷入炉膛内进行燃烧的方法。其燃烧过程与煤气的燃烧过程类似，即粉煤的燃烧同样也分为混合、预热、燃烧三个阶段。粉煤与空气的混合过程是在煤粉烧嘴中完成的，即从烧嘴中喷出的粉煤与空气混合后进入到燃烧室中(或炉膛)。这时的粉煤颗粒被周围的空气包围着，并受热而使煤粉中的水分蒸发挥发分逸出，于是着火点低的挥发物便在粉煤颗粒表面附近迅速燃烧，而挥发物燃烧后放出大量热能又提高了粉煤温度并加快了燃烧速度，最后才是残存在煤中固体炭的燃烧。由此可知，粉煤的燃烧实际上是一个复杂的多相反应过程，即首先是挥发分(气相)的燃烧，而后才是固体炭的燃烧。这一点和重油的燃烧过程又很类似。

输送煤粉的空气称为一次空气，其余助燃的空气称为二次空气。一次空气量一般占燃烧所需空气量的 20% ~ 30%。大型炉子上有时为了得到长火焰，助燃空气全部作为一次空气供给。煤粉火焰的长度取决于火焰传播速度，为了防止回火，喷出速度必须大于火焰传播速度。一般情况下，煤粉与空气混合物的喷出速度为 10 ~ 45m/s。

煤粉与空气的混合物有发生爆炸的可能性，所以在煤粉的制备、输送、储存和燃烧时，都要考虑安全技术问题。煤的粒度越细，挥发分含量越高，与空气的混合物温度越高，爆炸的危险性越大。应严格控制煤粉与空气混合物的温度，一般应小于70℃；其次要避免与火种接近，在输送管道上应安置防爆门。

加热炉燃烧煤粉时，炉子排渣和排烟收尘是两个重要问题，煤灰若大量落入炉内，会污染产品；若排入大气，会污染环境。根据煤渣灰分熔点和排渣区域的温度，落入炉内的煤灰可以选择固态出渣或液态出渣的方式。灰分熔点低，有液态出渣的可能。加热段温度高，可以采用固态出渣，也可以采用液态出渣。而预热段采取固态出渣，并可装置链式活动炉底，以便出渣。

就燃烧过程而论，煤粉燃烧法优于层状燃烧法，其主要的优点是：

（1）燃料与空气混合接触的条件好，可以在较小的空气消耗系数下，得到完全燃烧；

（2）可以利用各种劣质煤；

（3）二次空气可以预热到较高的温度；

（4）燃烧过程容易控制和调节；

（5）劳动条件好。

其缺点是：

（1）在加热炉上使用粉煤，煤灰落在金属表面上，轧制时容易造成表面的缺陷；

（2）粉尘多，造成环境的污染。

4

连续式加热炉的分类及主要炉型的技术特点

连续式加热炉包括所有连续运料的加热炉，如推钢式炉、步进式炉、链带式炉、辊底炉、环形炉等，但是习惯上多指由推钢机运料的推钢式连续加热炉。推钢式连续加热炉的历史悠久，应用广泛，也是最典型的连续加热炉。

在连续加热炉中，坯料不断由炉温较低的一端(炉尾)装入，以一定的速度向炉温较高的一端(炉头)移动，在炉内与炉气反向而行，当被加热坯料达到所要求温度时，便不断从炉内排出。在炉子稳定工作的条件下，一般炉气沿着炉膛长度方向由炉头向炉尾流动，沿流动方向炉膛温度和炉气温度逐渐降低，但炉内各点的温度基本上不随时间而变化。加热炉中的热工过程将直接影响到整个热加工生产过程，直至影响到产品的质量，所以对连续加热炉的产量、加热质量和燃耗等技术经济指标都有一定的要求，为了实现炉子的技术经济指标，就要求炉子有合理的结构、合理的加热工艺和合理的操作制度。尤其是炉子结构，它是保证炉子高产量、优质量、低燃耗的先决条件。由于炉子结构缺陷，造成炉子先天不足，会直接影响炉子热工过程、制约炉子的生产技术指标。

4.1 连续式加热炉的分类及其发展

4.1.1 连续式加热炉的分类

从结构、热工制度等方面看，连续加热炉可按下列特征进行分类：

(1) 按温度制度可分为两段式、三段式和强化加热式。

(2) 按所用燃料种类可分为使用固体燃料的、使用重油的、使用气体燃料的、使用混合燃料的。

(3) 按空气和煤气的预热方式可分为换热式的、蓄热式的、不预热的。

(4) 按出料方式可分为端出料的和侧出料的。

(5) 按钢料在炉内运动的方式可分为推钢式连续加热炉、步进式炉等。

除此而外，还可以按其他特征进行分类，总的说来，加热制度是确定炉子结构、供热方式及布置的主要依据。

4.1.2 连续式加热炉炉型的发展

19 世纪末以来，随着冶金和机械制造工业的发展，在轧制和锻造生产中广泛地使用了连续加热炉。随着科学技术以及工业的发展，特别是燃烧技术、耐火材料、热工仪表以及电子计算机的发展，连续加热炉也经历了由初级到高级，由简单到复杂，并重新趋向于简单的变化过程。

最早建造的是实底单面加热的连续加热炉，虽然实现了连续装出料，但由于采用单面加热、直接烧煤的技术，使得不完全燃烧较多，炉温波动大，热效率低，加热质量差，燃耗标煤高达 100kg/t。

随着 20 世纪工业的进步，到二次世界大战后一段时期，加热炉有了较大的进步，主要是实现了双面加热，由于出现炉底水管支撑结构，导致被加热坯料产生黑印，所以针对这一问题，炉子增设了均热段，确保出炉坯料温度和中心温差满足工艺的要求。燃料主要是重油和气体燃料，供热采用端部供热的方式，炉内坯料的输送靠推钢机。利用烟气余热预热空气和煤气，提高了炉子的热效率，降低了能耗。热工操作也从凭经验发展到配置热工测量和调节仪表，主要包括燃料和空气流量、压力和温度的检测、各段炉温的检测与自动调节。

20 世纪 70 年代初，由于工业的发展，同时燃料价格便宜，这一时期连续加热炉主要是大型化和强化加热，建造了许多产量达 200～300t/h 以上的炉子。这一时期加热炉技术主要有以下几个方面的发展：

（1）炉型结构上出现了步进梁和步进底式炉。这有效地改善了推钢炉钢坯水冷黑印和表面划伤的缺陷，这一时期还出现了环形炉。

（2）快速加热。用高温高速燃气直接喷到坯料表面，加强对流换热，达到快速加热的目的。

（3）汽化冷却的使用，使得炉底水管结构冷却强度减少，水的消耗量锐减，产生的蒸汽可用于生产和生活。各加热炉水冷却损失减少到15%以下。

（4）电子计算机控制。由于计算机的高速发展，到20世纪60年代末，计算机已逐渐开始用于工业生产。炉子热工操作实现优化控制很难。经过大量研究，已实现在经验和半经验数学模型的基础上对加热过程进行控制。

从1974年资本主义世界发生能源危机以来，对炉子的发展产生了一定影响，这一阶段炉子的重点是节能技术的开发利用。炉子有效炉底强度控制在 $500 \sim 600 \text{kg}/(\text{m}^2 \cdot \text{h})$ 之间。这一时期加热炉技术主要有如下几方面的突破：

（1）采用"热滑轨"以减小黑印的影响，取消了实底均热床。

（2）热装和连轧技术的应用。初轧坯或连铸坯的热装或直接轧制是对旧的两火或者三火成材工艺的一次革命，工序能耗大大降低。

（3）平焰烧嘴的应用，简化了炉顶结构，使炉温和炉压更易控制，炉温均匀，可解决出钢口吸冷风的问题。这一时期将可调烧嘴用于加热炉上也取得了良好效果。

（4）喷流预热。将高温烟气用耐热风机抽回，通过布置在预热段坯料上面的喷管，直接喷射到坯料表面，强化对流给热，取得了显著的节能效果。

（5）近几年，新型耐火材料有了飞速发展，耐火混凝土、耐火可塑料、耐火纤维等新型耐火、绝热材料在炉子上得到了广泛的应用,增强了炉体气密性,提高了炉子的寿命,减少了炉体的热量损失。

(6) 计算机自动控制和管理。近几年,新型集散型计算机系统的不断问世,取代了传统的热工测量和调节仪表,并且由于有相当充裕的内存、计算和实时控制功能,为实现炉子和整个工艺过程的最优控制和管理提供了良好的条件。目前,加热炉计算机控制和管理能够对燃烧、炉压、炉温和坯料加热过程进行自动控制。金属加热的数学模型,加热温度和烟气成分的连续测定,坯料加热和燃烧过程的闭环控制等正在深入研究之中。

总之,经过多年发展,连续加热炉炉型和技术已趋于完善和成熟,可满足多种工艺的要求,随着科学技术的发展还将会进一步完善和提高,成为高效全自动的热工设备。

介绍连续加热炉的发展,其主要目的在于告诉大家炉子是在不断地完善的。作为加热炉工作者,一方面要继承发扬前人的成功经验,另一方面还要不断开拓创新,把先进的技术应用于设计之中。

4.1.3 轧钢加热炉的节能规定

我国的连续加热炉在建国后有了飞速发展。20 世纪 50 年代,通过引进技术建造了一批较大、而且较先进的炉子。20 世纪 60 年代,采用双面加热和多点供热,燃料也从烧煤改为烧煤气和重油。20 世纪 70 年代,高产、高炉温和高炉底强度是炉子的特点,一些炉子采用液体排渣,结果使炉子寿命缩短，坯料氧化烧损增大，能耗较高。1974年，世界能源危机以来，我国由于工业的飞速发展，能源缺乏，满足不了生产发展的要求，所以节能技术日益受到重视。

鉴于我国国情，开源节流成为解决能源缺乏的主要措施，应特别指出的是，我国能源管理水平低，浪费严重，炉子能源利用率低，与世界上一些先进国家相比差距很大，节能潜力很大。1980年，冶金工业部提出了轧钢加热的节能规定。

其中提出了"五个必须"的规定：炉底水管必须包扎、炉子必须严密、炉体必须绝热、余热必须利用、必须有检测计量装置。

规定还指出，在正常生产的条件下，炉温要控制在1280～1320℃之间，最高不超过1350℃，超温和烧化要作为事故处理。炉压控制要保证均热段炉门下缘微正压。要合理组织燃烧，及时调整空燃比。对不同坯料和不同轧机产量要规定其经济热负荷制度。

规定中还指出，在满足开轧温度要求的前提下，要尽量降低出钢温度。所有加热炉都必须有减少"阴阳面"和水冷"黑印"的措施。钢坯加热炉一律采用干出渣。有热装条件的单位，在保证质量的前提下，要设法扩大热装品种，提高热装温度和热装率等等。

新设计的炉子一定要符合原冶金部节能规定的各项要求，要在满足生产和质量的前提下，以节能为指导思想。

4.2　推钢式连续加热炉的技术特点

推钢式连续加热炉仍是应用较广泛的形式。根据炉温制度可分为两段式加热炉、三段式加热炉、多点供热式加热炉。下面只介绍三段式加热炉。

4.2.1　炉型

所谓"炉型"，主要是指炉膛空间形状、尺寸以及燃烧器及排烟口的布置等。如果炉型结构不合理，则对炉子的产量、质量和能量消耗都会造成不利影响。随着轧机设备的大型化和自动化，加热炉的发展是很快的。现代炉子的特点是优质、高产、低耗、长寿和操作自动化。

三段连续加热炉的炉型曲线如图4-1所示，从图中可以明显看出，均热段和加热段炉顶均有一个平直段和一个倾斜段，而且两端的末尾炉顶均下压，而预热段炉顶到钢料之间的距离，即炉高很矮，但预热段炉尾上翘。这样的炉型曲线是符合炉子热工特点的。

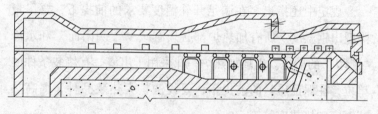

图4-1　推钢式三段连续加热炉的炉型曲线

因为均热段与预热段炉温比较低，炉顶下压可以减少加热段高温气体向均热段及预热段的辐射热流，从而使炉子高温区集中以达到强化加热的目的。二段式炉子加热段炉顶下压也是为了同样的目的。

加热段和均热段直线段的作用是使燃料在此区段基本燃烧完毕，以免高温气流冲刷下压炉顶的倾斜部分而使炉顶过早烧损。特别是均热段，由于它比加热段矮，加之烧嘴角度较大，火焰经钢料反射到炉顶加快了炉顶的破损，故均热段的直线段应适当长些。

预热段温度较低，炉子高度矮，气流速度大，有利于对流换热。炉尾翘起的目的是为了减少热气体从炉尾逸出，改善劳动条件。通常情况下，由炉尾逸出并不是由于炉尾压力过大所致，而是由于气流惯性而造成气体逸出。炉尾翘起后，降低了气流速度，减少了惯性，使之顺利地被吸入烟道。

在加热高合金钢和易脱碳钢时，预热段温度不允许太高，加热段不能太长，而预热段比一般情况下要长一些，避免在钢内产生危险的温度应力。为了降低预热段的温度并延长预热段的长度，采用了在炉子中加中间烟道的办法，如图 4 - 2 所示，以便从加热段后面引出一部分高温炉气。有的炉子还采用加中间扼流隔墙的措施，也是为了达到同样的目的。

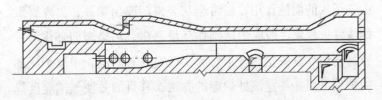

图 4 - 2　带中间烟道的三段式连续加热炉

另外,从结构上讲,在炉子的均热段和加热段之间将炉顶压下是为了使端墙具有一定高度,以便安装烧嘴。因此,如果全部采用炉顶烧嘴及侧烧嘴,也可以使炉子结构更加简化,即炉顶完全是平的,上下加热都用安装在平顶和侧墙上的平焰烧嘴。炉温制度可以通过调节烧嘴的供热来实现,根据供热的多少可以相当严格地控制各段的温度分布。例如产量低时,可以关闭部分烧嘴,缩短加热段的长度。这种炉型如图4-3所示。

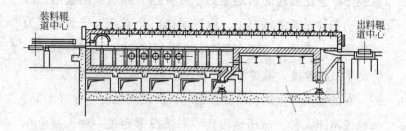

图4-3 平顶式连续加热炉

多数推送式连续加热炉炉尾烟道是垂直向下的,这是为了让烟气在预热段能紧贴钢坯的表面流过,有利于对流换热。由于烟气的惯性作用,经常会从装料门喷出炉外,出现冒黑烟或冒火现象,造成炉尾操作环境恶劣,污染车间环境,并容易使炉后设备受热变形。为了改变这种状况,采取炉尾部的炉顶上翘并展宽该处炉墙的办法,其目的是使气流速度降低,部分动压头转变为静压头,也使垂直烟道的截面加大,便于烟气向下流动，从而减少烟气的外逸。

4.2.2 炉子的热工制度

连续加热炉的热工制度，包括炉子的温度制度、供热制度和炉压制度。它们之间互相联系又互相制约。其中，主要的是温度制度，它是实现加热工艺要求的保证，是制定供热制度与炉压制度的依据，也是炉子进行操作与控制最直观的参数。炉型或炉膛形状曲线是实现既定热工制度的重要条件。

4.2.2.1 温度制度

三段式温度制度分为预热段、加热段和均热段。

坯料由炉尾推入后，先进入预热段缓慢升温，出炉废气温度一般保持在 850～950℃ 之间，然后坯料被推入加热段强化加热，表面迅速升温到出炉所要求的温度，并允许物料内外有较大的温差。最后，坯料进入温度较低的均热段进行均热，其表面温度不再升高，而是使断面上的温度逐渐趋于均匀。均热段的温度一般在 1250～1300℃ 之间，即比坯料的出炉温度约高 50℃。

4.2.2.2 供热制度

供热制度指在加热炉中的热量的分配制度。热量的分配是设计和操作中的一个重要问题。目前，三段式加热炉一般采用的是三点供热，即均热段、加热段的上下加热；或四点供热，即均热段上下加热，加热段的上下加热。合理的供热制度应该强化下加热，下加热应占总热量的50%，上加热占35%，均热占15%。第5章将详细介绍这一问题。

4.2.2.3 炉压制度及其影响因素

连续加热炉内炉压大小及其分布是组织火焰形状、调整温度场及控制炉内气氛的重要手段之一。它影响钢坯加热速度和加热质量，也影响着燃料利用的好坏，特别是炉子出料处的炉膛压力尤为重要。

炉压沿炉长方向上的分布，随炉型、燃料方式及操作制度不同而异。一般连续式加热炉炉压沿炉长的分布是由前向后递增，总压差一般为20~40Pa。造成这种压力递增的原因，是由于烧嘴射入炉膛内流股的动压头转变为静压头所致。由于热气体的位差作用，炉内还存在着垂直方向的压差。如果炉膛内保持正压，炉气又充满炉膛，这对传热有利，但炉气将由装料门和出料口等处逸出，不仅污染环境，并且造成热量的损失。反之，如果炉膛内为负压，冷空气将由炉门被吸入炉内，降低炉温，对传热不利，增加了炉气中的氧含量，加剧了坯料的烧损。所以，对炉压制度的基本要求是保持炉子出料端钢坯表面上的压力为零或0~10Pa微正压(这样炉气外逸和冷风吸入的危害可减到最低限度)，同时炉内气流通畅，并力求炉尾处不冒火。一般在出料端炉顶处装设测压管，并以此处炉压为控制参数，调节烟道闸门。

炉压主要反映燃料和助燃空气输入与废气排出之间的关系。燃料和空气分别由烧嘴和喷嘴喷入，而废气由烟囱排出，若排出少于输入时，炉压就要增加；反之，炉压就要减小。影响炉压的因素如下：

(1) 烟囱的抽力。烟囱的抽力是由于冷热气体的密度不同而产生的，抽力的计量单位用帕斯卡表示，其大小为：

$$(\rho_冷 - \rho_热)\,gH$$

式中 $\rho_冷$，$\rho_热$——分别为冷热气体的密度，kg/m^3；

H——烟囱高度，m。

从上式可以看出，烟囱抽力的大小与烟囱的高度以及烟囱内废气状态有直接关系。烟囱高度确定后，其抽力大小主要取决于烟囱内废气温度的高低，废气温度高则抽力大，反之则抽力小。要使烟囱抽力增加，在操作上应该减少或消除烟道的漏气部分，保持烟道的严密性，如果不严密，外部冷空气吸入，不仅会使废气温度降低，而且会增加废气的体积，从而影响抽力。

烟道应具有较好的防水层，烟道内应保持无水，水漏入不但会直接影响废气温度，而且烟道积水会使废气的流通断面减小，使烟囱的抽力减小。

(2) 烟道阻力。它与烟道吸力方向相反。在加热炉中，废气流动受到两种阻力：摩擦阻力和局部阻力，摩擦阻力是废气在流动时受到砌体内壁的摩擦而产生的一种阻力，该阻力的大小，与砌体内壁的光滑程度、砌体断面积大小、砌体的长度和气体的流动速度等有关。局部阻力是废气在流动时因断面突然扩大或缩小等而受到的一种阻碍流动的力。

4.2.3 连续加热炉炉膛尺寸的确定

连续加热炉的基本尺寸包括炉子的内宽、有效长度和炉高。

4.2.3.1 炉长的确定

炉子的长度可分为有效长度和全长，炉子的全长是指炉子侧墙的砌砖长度。端出料炉子的有效长度是指炉尾端墙外缘至出料滑坡转折点的距离；侧出料炉子的有效长度是指炉尾端墙外缘至出料门中心线的距离。

设计时，最基本的长度是有效长度，当炉子的产量已确定时，炉子有效长度取决于加热时间，并受到推钢比的限制。

炉子的有效长度即被钢坯覆盖的长度，可按下面几种方法进行确定：

（1）根据炉子的产量来确定。

$$L_{效} = \frac{G}{ng}\tau b$$

式中　$L_{效}$——炉子有效长度，m；

　　　G——炉子的生产率，kg/h；

　　　τ——加热时间，h；

　　　b——每根钢坯的宽度，m；

n ——坯料的排数;

g ——每根钢坯的质量, kg。

炉子的全长 L (m) 为:

$$L = L_{效} + (1 \sim 3)$$

(2) 利用有效炉底强度来确定。

根据 $P_{效} = \dfrac{G}{F_{效}}$, $F_{效} = nlL_{效}$

得:

$$L_{效} = \dfrac{G}{nlP_{效}}$$

式中 $P_{效}$ ——炉子的有效炉底强度, $kg/(m^2 \cdot h)$;

n ——坯料的排数;

l ——坯料的长度, m。

可见只要选定一个 $P_{效}$, 就可以确定一个 $L_{效}$。

在生产中, 为了防止在推料过程中拱起、翻炉等事故的发生, 如图 4-4 所示。炉子有效长度的确定要经过炉子允许最大推钢长度或允许推钢比的校核。

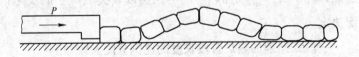

图 4-4 拱钢事故

$$允许推钢比 = \dfrac{允许推钢长度}{钢坯厚度}$$

炉子的推钢长度等于炉内有效长度加上炉尾至推钢机推

头工作位置之间的距离。

可见，翻炉除与推钢长度有关外，还与坯料厚度有关。坯料厚度愈小，则愈易发生翻炉事故，此外坯料形状的规则程度也有很大关系，不规则的料和炉底滑道不平都易造成翻炉事故。翻炉事故不仅难于处理，而且易损坏炉体，翻炉的钢要回炉重烧，所以，在设计时为避免翻炉事故，炉子长度受允许推钢比的限制，即所设计炉长要比允许推钢长度短。

目前，允许推钢比是参照已有炉子的经验值，一般方坯取 200 ~ 250，板坯取 250 ~ 300，也有的推荐 280 ~ 340。

如果根据炉子情况计算出的炉长已超过了允许推钢比的要求，可考虑改用双排料，或者修建两座炉子。实践证明，推荐的允许推钢比比较保守，其框框可以打破。但是，由于推钢长度增加的同时，钢料之间的压力随之增大，有时会发生粘钢现象，所以，目前推送式连续加热炉的长度不宜超过 40m。

（3）按炉子各段的长度来确定。

预热段、加热段和均热段各段长度的比例，可根据坯料加热计算中所得各段加热时间的比例以及类似炉子的实际情况决定。

三段式连续加热炉各段长度的比例分配大致如下：

均热段（15% ~ 25%）$L_\text{效}$

预热段（25% ~ 40%）$L_\text{效}$

加热段（25% ~ 40%）$L_\text{效}$

多点供热的炉子，其加热段较长，约占整个有效长度的 50% ~ 70%，预热段很短。

4.2.3.2 炉子宽度的确定

炉子的宽度取决于坯料的排数和长度，可利用下式来进行计算：

$$B = l + (n+1)a$$

式中　　B——炉子内宽，m；

　　　　a——每排坯料之间的间隙，常选取 $a=0.2\sim0.3$m；

　　　　n——坯料的排数；

　　　　l——坯料长度，m。

4.2.3.3 炉膛高度

炉膛的高度各段差别很大，炉高现在不可能从理论上进行计算，各段的高度都是根据经验数据确定的。决定炉膛高度要考虑两个因素：热工因素和结构因素。

炉子的设计要保证火焰能充满炉膛。烧煤的炉子不易组织火焰，炉高应低一些，否则火焰飘在上面，靠近坯料炉气温度较低，对传热很不利。但炉膛太低，炉墙辐射面积减少，气层减薄，也对热交换不利。炉膛高度要考虑到端墙有一定高度，以便安装烧嘴。

加热段供给的燃料最多，应有较大的加热空间，如果用侧烧嘴高度可以降低一些。加热段下加热的高度比上加热低一些，这是因为如果太深吸入冷风多，将使下加热工作条件恶化。

预热段的下部炉膛高度稍大于上部炉膛高度，因为下部炉膛有支持炉底水管的墙或支柱，又受炉底结渣的影响，使下部空间减少。适当加大高度可以减少气流的阻力。

均热段比加热段低，因为这里供热量少，还要保证炉膛正压和炉气充满炉膛，避免吸风现象。均热段和加热段之间压下越低，越能保证正压，但其高度必须至少比坯料高度的两倍高 200mm。

全炉顶平焰烧嘴的炉子，炉膛要低得多，各段高度都一样，炉顶至料面仅 1~1.5m。

4.3 步进式加热炉的技术特点

步进式加热炉是各种机械化炉底炉中使用最广、发展最快的炉型，是取代推钢式加热炉的主要炉型。20 世纪 70 年代以来，国内外新建的热轧车间，很多采用了步进式加热炉。

4.3.1 钢坯在炉内的运送

目前，炉内步进梁（或步进炉底，下同）的运行轨迹，绝大多数采用分别进行平移运动和升降运动的矩形轨迹，如图 4-5 所示。步进梁的原始位置设在后下极限位置，步进梁在垂直上升过程中将钢坯从固定梁（或固定炉底，下同）上托起至上极限位置，即步进梁顶面由低于固定梁顶面升到高于固定梁顶面，然后步进梁前进一步，钢坯在炉内向前水平移动一个步距；步进梁垂直下降，将钢坯放置在固定梁上，步进梁再继续下降到下极限位置；然后向后水平移动一个步距，回到原始位置，完成一个步进动作。如此经多次循环，钢坯从炉子装料端一步步向出料端移动，至出料炉门处，钢坯已被加热到预定的温度，然后出料。

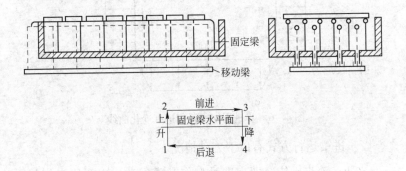

图4-5 步进式炉内钢坯的运动

双步进梁式加热炉没有固定梁，由两组可动梁组成。第一组可动梁将钢坯抬起，前进过程中，第二组可动梁升起从第一组可动梁上接过坯料并送进。如此循环工作，坯料如同炉底辊运输一般，可保持不变的作业中心线，以一定速度连续平滑地运送。在运送过程中不会划伤钢坯下表面，并可与装出料辊道完全同步，其运送速度可自由调速，不但可逆送，而且能停下，不需要采取防备电源停电的紧急措施。

步进梁在运动过程中速度是变化的。其目的在于保证平移运动和升降运动的开始及停止，并保证在固定梁上托放钢坯时能缓慢地进行，防止步进机械产生冲击和震动，避免钢坯底面在加热过程中出现缺陷和氧化铁皮脱落，损坏水管上的绝热材料。步进底（或梁）在矩形轨迹上的运行速度变化曲线如图4-6所示。

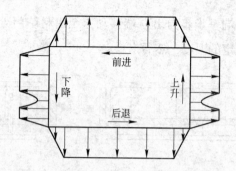

图4-6 步进周期内运行速度变化曲线

步进梁运行方式有以下五种情况。

（1）踏步操作。即步进梁只作升降运动，主要用于坯料待轧。

（2）手动按钮操作。其主要用于钢坯的倒退运动，或称逆循环，此时操作者可在循环的任何一点启动或停止步进梁，或者说单独运行升、降、进、退行程中的某一项。

（3）半自动操作。步进梁可作全周期运动或停止，由操作者控制。

（4）全自动操作。步进梁运动与半自动方式相同，但由轧机操作者控制。

（5）根据计算机的指令操作。

步进式加热炉的步进机构由驱动系统、步进框架和控制系统组成。步进系统一般分为电动式和液压式两种，目前广泛采用液压式。现代大型加热炉的移动梁及上面的钢坯重达数百吨，使用液压传动机构运行稳定，结构简单，运行速度的控制比较准确，占地面积小，设备重量轻，与机械传动相

比有明显的优点。液压传动机构如图4-7所示。图4-7
(b)、(c)、(d) 三种结构形式目前是比较常见的。我国应用
较普遍为斜块滑轮式。以斜块滑轮式为例说明其动作的原理，

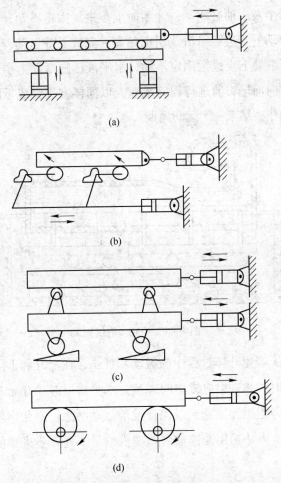

图4-7 步进机构形式

(a) 直接顶起式；(b) 杠杆式；(c) 斜块滑轮式；(d) 偏心轮式

如图 4-8 所示，步进梁(移动梁)由升降用的下步进梁和进退用的上步进梁两部分组成。上步进梁通过辊轮作用在下步进梁上，下步进梁通过倾斜滑块支承在辊子上。上下步进梁分别由两个液压油缸驱动，开始时上步进梁固定不动，上升液压缸驱动下步进梁沿滑块斜面抬高，完成上升运动，然后上升液压缸使下步进梁固定不动，水平液压缸牵动上步进梁沿水平方向前进，前进行程完成后，以同样方式完成下降和后退的动作，结束一个运动周期。

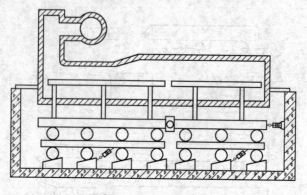

图 4-8 炉底步进机构

为了避免升降过程中的振动和冲击，在上升和下降及接受钢坯时，步进梁应该中间减速。水平进退时，开始与停止也应该考虑缓冲减速，以保证梁的运动平稳，避免钢坯在梁上擦动。办法是用变速油泵改变供油量来调整步进梁的运行速度。

由于步进式炉很长，上下两面温度差过大，线膨胀的不同会造成大梁的弯曲和隆起。为了解决这个问题，目前一些炉子将大梁分成若干段，各段间留有一定的膨胀间隙，变形虽不能根本避免，但弯曲的程度大为减轻，不至于影响炉子的正常工作。

4.3.2 步进运动的行程和速度

步进梁（或步进炉底，下同）的总升降行程一般是 70 ~ 200mm，正常情况下炉子过钢线上下行程相等。它和钢坯入炉前的弯曲程度、炉长以及钢坯在步进梁上的悬臂长度和支点距离有关。炉子长度为 10 ~ 15m、钢坯较短、在炉内运行时不会出现明显的弯曲变形时，总升降行程可定为 70mm；炉长超过 20m 时总升降行程可取 200mm。有时，设计中让炉子过钢线上的行程大于过钢线下的行程，以减小坯料本身弯曲、炉底结渣对钢坯运行的影响。升降速度的平均值通常为 15 ~ 40mm/s。步进梁的平移行程和钢坯入炉前的弯曲程度、坯料的宽度以及坯料之间的间隙有关，一般是 160 ~ 300mm，它还要和炉子的有效长度相配合。移动速度通常是 30 ~ 80mm/s。提升速度慢些有利于减小提升过程中的炉底振动和电动机功率。有时为了节能和缩短步进周期，会让步进梁在下降和后退时的速度尽量快些。坯料宽度相差较大时，必要情况下步进梁可以有几种平移行程。步进框架及步进机械分成两段时，加热段和均热段液压缸的平移行程往往是预热段液压缸平移行程的 1 ~ 2 倍。只有一套步进机械时，钢坯在炉内的最大移动速度就是平移行程与最短步进周期之比，此速度必须和装出料机械的节奏以及炉子的产量相协调。液压系统中采用比例阀及带压力传感器的变量泵,可以很方便地进行加减速控制,在升降行程和平移行程的起点和终点,做到炉底设备缓慢启动、平稳停止;在升降行程的中部,实现坯料的"轻托轻放"。

为了控制炉底机械运行的位置,采用无触点开关、光电开关、限位开关、液压缸内置或外置线性位移传感器等。为了减小钢坯跑偏,除了设置定心装置外,步进梁传动机械(包括步进用框架)的制造和安装时要求保证规定的精度,左右两套升降机构必须要同步(使用同步轴、同步液压缸、同步油马达、伺服阀等),装钢时尽量按中心线对称布料。

4.3.3 炉底密封与清渣结构

对于步进底式炉,固定炉底和步进炉底之间的缝隙采用水封以隔绝炉内外气氛。水封结构包括水封槽和水封刀两部分。水面上方的炉内空间宜小些,以免在升降过程中气流反复流动使钢坯冷却。水封槽还用于储存通过缝隙落下的氧化铁皮和耐火材料碎渣,因而水封槽宜深些,容积宜大些。水封槽的一边要向外倾斜,以便人工清除槽内积渣。如图 4-9所示,下部悬挂有刮渣板,板间距小于步进底步距,水封槽则随步进炉底移动,利用步进底的往复移动将炉渣集中。出料口附近的水封槽的槽边有向内的突缘以阻挡水流溅出。

对于步进梁式炉,步进梁的立柱管穿过炉底长圆形开孔并固定在水平框架上。为防止冷空气渗入炉内,在炉底钢结构与水平框架上的水封槽之间设裙式水封刀和支撑管头端盖,

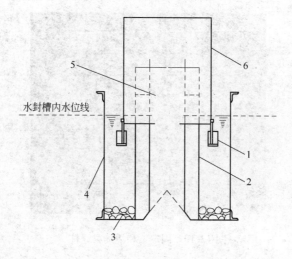

水封槽内水位线

图 4 - 9 水封结构

1—刮渣板；2—内侧板；3—氧化铁皮；4—外侧板；

5—活动立柱；6—密封箱

插入水封槽内进行密封。通过开孔落入水封槽的氧化铁皮，在步进梁下降和后退的过程中，通过安装在裙式水封刀下部以及其间的刮渣板被自动刮向装料端，水封槽和刮渣板在装料端是逐渐向上倾斜的。槽内的氧化铁皮高于水面后形成干渣，通过漏斗下的手动开闭机构定期将此干渣漏入出闸车内，运到车间外。固定梁的立柱由炉底钢结构支撑和固定，如图 4 - 10 所示。

为了减少炉内热量通过炉底长圆形开孔向外辐射，已有一些炉子在开孔内侧设置遮热盖板，盖板固定在步进梁上并随之运动。有的在步进梁立柱管上焊以厚壁耐热钢管作骨架，再套上高温型陶瓷纤维毯。

图 4 – 10 固定梁和活动梁立柱

4.3.4 步进式加热炉的特点

和推钢式连续加热炉比较，步进炉有如下优势：

（1）加热灵活。在炉长一定的情况下，炉内坯料数目是可变的。而在连续加热炉中坯料数目则是不可变的，所以加热时间就受到限制。例如炉子产量降低一半时，则炉内坯料加热时间就会延长一倍，对有些钢种来说这是不利的。而步进炉在炉子产量发生变化的情况下，可以通过改变坯料间距离来达到改变或保持加热时间不变的目的。

（2）加热质量好。因为在步进炉内可以使坯料间保留一定的间隙，这样扩大了坯料的受热面，加热温度比较均匀，钢坯表面一般没有划伤的情况出现，两面加热时坯料下表面水管黑印的影响比一般推钢式连续加热炉的要小些。

（3）炉长不受限制。对连续加热炉来说，炉长受到推钢长度的限制，而步进炉则不受其限制。而且对于不利于推钢的细长坯料、圆棒、弯曲坯料等均可在步进炉内进行加热。

（4）操作方便。改善了劳动条件，在必要时可以将炉内坯料全部或部分退出炉外，开炉时间可缩短；由于不容易粘钢，因此可减轻繁重的体力劳动；和轧机配合比较方便、灵活。

（5）可以准确地控制炉内坯料的位置，便于实现自动化操作。

步进炉也存在着一定的缺点，主要是造价比较高，设备制造和安装技术要求较高，基建施工量大，要求机电设备维护水平高，在操作中要对炉底勤维护并及时清渣，经常保持动床和定床平直以防坯料跑偏。

4.4 高效蓄热式加热炉的技术特点

4.4.1 高效蓄热式加热炉的工作原理

高效蓄热式加热炉的工作原理如图 4 - 11 所示，它由高效蓄热式热回收系统、换向式燃烧系统和控制系统组成，其热效率可达 75%，这种换向式燃烧系统改善了炉内的温度均匀性。由于能很方便地把煤气和助燃空气预热到 1000℃ 左右，因此，可以在高温加热炉中使用高炉煤气作为燃料，从根本上解决了因高炉煤气大量放散而产生能源浪费及环境污染的问题。

高效蓄热式连续加热炉的工作过程说明如下：

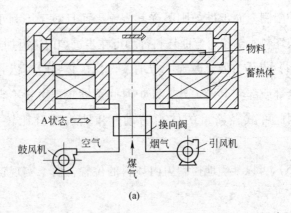

(a)

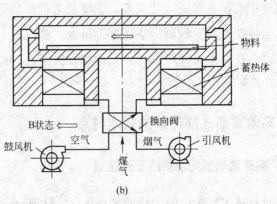

(b)

图 4 - 11 高效蓄热式加热炉的工作原理

(图中未示出煤气流路)

(a) A 状态;(b) B 状态

(1) 在 A 状态,如图 4 - 11(a)所示。空气、煤气分别通过换向阀,经过蓄热体换热,将空气、煤气分别预热到 1000℃左右,进入喷口喷出,边混合边燃烧,燃烧产物经过炉膛,加热坯料,进入对面的排烟口(喷口),由高温废气将另一组蓄热体预热,废气温度随之降至 150℃以下,低温废气通过换向阀，经引风机排出。几分钟以后控制系统发出指令，换向机构动作，空气、煤气同时换向到 B 状态。

（2）在 B 状态，如图 4 - 11（b）所示。换向后，煤气和空气从右侧通道喷口喷出并混合燃烧，这时左侧喷口作为烟道，在排烟机的作用下，使高温烟气通过蓄热体排出，一个换向周期完成。

蓄热连续式加热炉通过 A、B 状态的不断交替，实现对坯料的加热。

高效蓄热式加热炉取消了常规加热炉上的烧嘴、换热器、高温管道、地下烟道及高大的烟囱。操作及维护简单，无烟尘污染，换向设备灵活，控制系统功能完备。采用低氧扩散燃烧技术，形成与传统火焰迥然不同的新型火焰类型，空气、煤气双预热温度均超过 1000℃，创造出炉内优良的均匀温度分布，节能 30% ~50%，钢坯氧化烧损可减少 1%。

4.4.2 蓄热式高风温燃烧技术的发展

4.4.2.1 高风温燃烧技术

高风温燃烧技术（high temperature air combustion，HTAC 或 highly preheated air combustion，HPAC）也称无焰燃烧技术（flameless combustion）是 20 世纪 90 年代开始在发达国家研究推广的一种全新的燃烧技术。它具有高效烟气余热回收，排烟温度低于 150℃，高预热空气温度，空气温度高于 1000℃，低 NO_x 排放等多重优越性。国外大量的实验研究表明，这种新的燃烧技术将在近期对世界各国以燃烧为基础的能源转换技术带来变革性的发展，给各种与燃烧有关的环境保护技术提供一个有效的手段，燃烧学本身也将获得一次空前完善的机会。该技术被国际公认为 21 世纪的核心工业技术之一。

4.4.2.2 国内外高风温燃烧技术的发展应用情况

1981 年，英国 Hotwork 公司和 British Gas 公司合作研制成功了最早的蓄热式烧嘴，体现了在烧嘴上进行热交换分散式余热回收的思路。两公司合作改造了不锈带钢退火生产线，在其加热段设置了 9 对蓄热式烧嘴，取得了良好的效果。之后，该技术在欧洲、美国得到了推广应用。

我国在蓄热式高风温燃烧技术的研究应用方面尚处于起步阶段，但该技术独特的优越性已经引起我国冶金企业界和热工学术界的极大兴趣。20 世纪 80 年代末，我国开始研究开发适合中国国情的蓄热式燃烧器，以液体、气体为燃料，蓄热体为片状、微小方格砖、球体等系列的新型蓄热燃烧器，适用于冶金、石化、建材、机械等行业中的各种工业炉窑。

4.4.3 蓄热式高风温燃烧系统的主要组成部分及特点

蓄热式高风温燃烧系统主要组成部分有蓄热体和换向阀等，如图 4-12 所示。

传统的蓄热室采用格子砖作蓄热体，传热效率低，蓄热室体积庞大，换向周期长，限制了它在其他工业炉上的应用。新型蓄热室采用陶瓷小球或蜂窝体(见图 4-13)作为蓄热体，

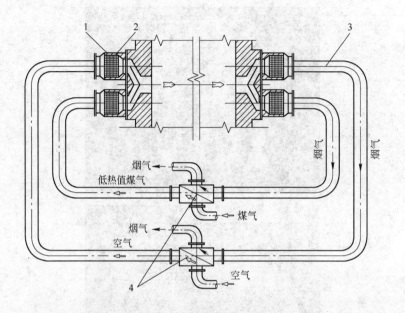

图 4-12 蓄热加热炉组织结构图

1—蓄热式烧嘴壳；2—蓄热体；3—管道；4—集成换向

其比表面积高达 $200\sim1000m^2/m^3$，比老式的格子砖大几十倍至几百倍，因此极大地提高了传热系数，使蓄热室的体积大为缩小。由于蓄热体是用耐火材料制成，所以耐腐蚀、耐高温、使用寿命长。

换向装置集空气、燃料换向一体，结构独特。空气换向、燃料换向同步且平稳，空气、燃料、烟气决无混合的可能，彻底解决了以往换向阀在换向过程中气路暂时相通的弊病。由于换向装置和控制技术的提高，使换向时间大为缩短，传统蓄热室的换向时间一般为 $20\sim30min$，而新型蓄热室的换向

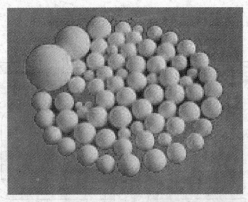

图 4 - 13 蓄热体

时间仅为 0.5 ~ 3min。新型蓄热室传热效率高、换向时间短，带来的效果是排烟温度低(150℃以下)，被预热介质的预热温度高(只比炉温低 80 ~ 150℃)。因此，废气余热得到接近极限的回收，蓄热室的热效率可达到 85% 以上，热回收率达 70% 以上。

蓄热式燃烧技术的主要特点是：

(1) 采用蓄热式烟气余热回收装置，交替切换空气与烟气，使之流经蓄热体，能够最大限度地回收高温烟气的物理

热，从而达到大幅度节约能源(一般节能 10%～70%)、提高
热工设备的热效率，同时减少了对大气的温室气体排放
(CO_2 减少 10%～70%)；

（2）通过组织贫氧燃烧，扩展了火焰燃烧区域，火焰边
界几乎扩展到炉膛边界，使得炉内温度分布均匀；

（3）通过组织贫氧燃烧，大大降低了烟气中 NO_x 的排放
(NO_x 排放减少 40%以上)；

（4）炉内平均温度增加，加强了炉内的传热，导致相同
尺寸的热工设备，其产量可以提高 20%以上，大大降低了设
备的造价；

（5）低发热量的燃料(如高炉煤气、发生炉煤气、低发热
量的固体燃料、低发热量的液体燃料等)借助高温预热的空气
或高温预热的燃气可获得较高的炉温，扩展了低发热量燃料
的应用范围。

4.4.4 高效蓄热式燃烧技术的种类

高效蓄热式燃烧技术在解决了蓄热体及换向系统的技术
问题后，发展速度加快了。目前，从技术风格上主要有三种，
即烧嘴式、内置式、外置式。下面简述这三种蓄热式加热炉
的区别。

4.4.4.1 蓄热式烧嘴加热炉

蓄热式烧嘴加热炉多采用高热值清洁燃料，空气单预热
形式，并没有脱离传统烧嘴的形式，对于燃料为高炉煤气的

加热炉应避免使用蓄热烧嘴，图 4 - 14 为蓄热式烧嘴加热炉简图。

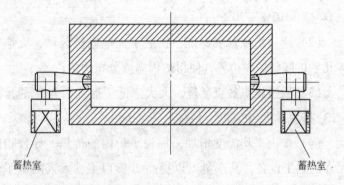

图 4 - 14　蓄热式烧嘴加热炉简图

4.4.4.2　内置蓄热室加热炉

内置蓄热室加热炉(见图 4 - 15)是我国工程技术人员经过 10 年的研究实验，在充分掌握蓄热式燃烧机理的前提下，结合我国的具体国情，开拓性地将空气、煤气蓄热室布置在炉底，将空气、煤气通道布置在炉墙内，既有效地利用了炉底和炉墙，同时没有增加任何炉体散热面。这种炉型目前在国内成功使用的时间已经有 10 年，技术非常成熟，尤其适用于高炉煤气的加热炉。

内置式蓄热加热炉所特有的煤气流股贴近钢坯，煤气和空气在炉内分层扩散燃烧的混合燃烧方式，由于在钢坯表面形成的气氛氧化性较弱，从而抑制了钢坯表面氧化铁皮的生成趋势，使得钢坯的氧化烧损率大幅度降低（韶钢三轧厂加热炉加热连铸方坯实测的氧化烧损率仅为 0.7%；苏州钢厂

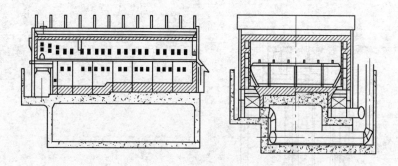

图4-15　内置蓄热室加热炉

650车间加热钢锭的加热炉停炉清渣间隔周期超过一年半）。
对于加热坯料较长和产量较大的加热炉，由于对加热钢坯宽
度方向（即沿炉长方向）上的温差要求较高，常规加热炉由于
结构和设备成本的限制，烧嘴间距一般在1160mm以上，造
成炉长方向上温度不均而影响加热质量，而内置式蓄热式加
热炉所特有的多点分散供热方式，喷口间距最小处达
400mm，并且布置上随心所欲，不受钢结构柱距的限制，炉
长方向上温度曲线几近平直，使得加热坯料的温度均匀性大
大提高。

内置式蓄热加热炉对设计和施工要求较高，施工周期相
对较长，对现有的加热炉的改造几乎无法实现，但对新建加
热炉非常适合，并且适用于任何热值的燃料。

4.4.4.3　外置蓄热室加热炉

外置蓄热室加热炉（见图4-16）是介于内置蓄热室加热
炉与蓄热式烧嘴（RCB）加热炉之间的一种形式，将蓄热室全

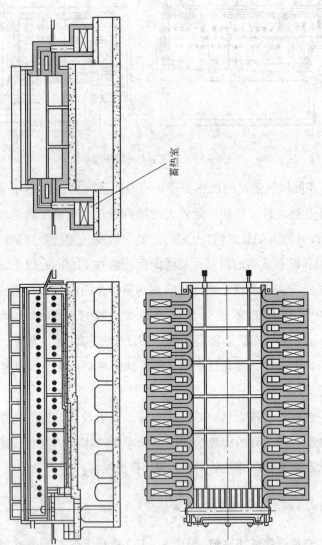

蓄热室

图 4-16 外置蓄热室加热炉

部放到炉墙外，体积庞大，占用车间面积大，检修维护非常不便。炉体散热量成倍增加，蓄热室与炉体连通的高温通道受钢结构柱距的限制，空、煤气混合不好，燃烧不完全，燃料消耗高，更无法实现低氧化加热。它既没有蓄热式烧嘴（RCB）灵活性，又没有内置蓄热式加热炉的合理性，但适用于任何热值燃料的老炉型改造。

蓄热式加热炉目前在国内发展很快，但我们必须清醒地认识到还有许多有待完善的地方。特别是在选择炉型的问题上，必须结合现场实际情况，不能盲目照搬，做到稳妥可靠。

5

加热炉的供热、供水、测温等
系统的布置方法

由于加热炉热工理论的不断发展，加热炉的结构形式也在不断进步。高产、优质、低消耗的新式炉型不断涌现。优化的供热和测温系统，可以使炉内温度更加均匀，更加符合各类钢种不同的加热制度，才能为轧机输送合格的热坯料，并保证最终产品的质量。由于坯料在不发生物态变化的情况下，通过炉内高温气氛，并最终进入轧线，整个过程需要加热炉各部分保持足够的刚度，因此，供水系统是必不可少的一个重要因素。

5.1 加热炉供热系统的分配及烧嘴分布形式

加热炉按供热形式可分为三段式加热炉、二段式加热炉和多段式加热炉。

（1）三段式加热炉。构造如图 5 - 1（a）所示，加热段温度最高，钢坯在这一段内加热速度较快，断面上的温差也较大，必须在均热段进行均热后才能出炉。钢坯在均热段进行慢速加热，或维持钢坯表面温度不变，以提高钢坯内部温度。由于钢坯在均热段并不大量吸热，炉温也比加热段稍低一些。显然，三段式炉与二段式炉相比有较高的产量和较好的加热质量，并适合于加热较厚的坯料。与二段式炉相比，在炉子构造上，这种炉型的加热段和均热段有明显的界限，在烧嘴配置上，炉腰供热多而炉头供热较少。

（2）二段式加热炉。构造如图 5-1（b）所示，炉子沿炉长方向分预热段和加热段。预热段的作用是利用从加热段过来的高温烟气预热钢坯，以节约燃料。二段式炉一般适用于小断面钢坯的加热，钢坯在炉内几乎没有均热时间，一直处于升温阶段。炉子温度分布是出料处炉温最高，沿炉长方向温度逐渐降低。由于没有均热段，加热大断面钢坯时内外温

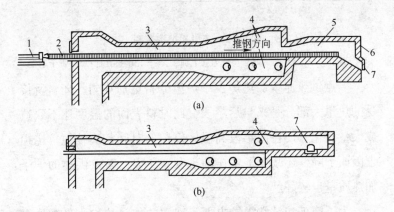

图 5-1　三段式炉和二段式炉

（a）三段式加热炉；（b）二段式加热炉

1—推钢机；2—钢料；3—预热段；4—加热段；

5—均热段；6—均热段供热点；7—出料炉门

差较大。在炉子构造上，这种炉子的炉腰和炉头在炉顶高度上没有明显的界限。

（3）多段式加热炉。构造如图5-2所示，各种各样的多段式炉在实质上都是三段式炉，都有预热段、加热段和均热段，不同的是供热点数量和分布不同，这是随轧机产量提高而出现的新炉型。多段式炉是在预热段和加热段之间增设1～4个供热点，实际上它只是加热段的延长。

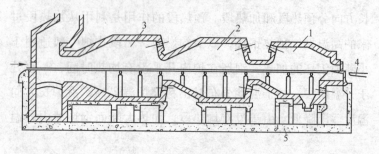

图5-2 多段式炉构造图

1—均热段；2—第一上加热；3—第二上加热；4—托出机托杆；5—炉子基础

多点供热连续加热炉由于炉温分布更加均匀，坯料所接受的热量大部分是来自后半段，此时料表面的温度还不致造成大量氧化，而在前半段高温区停留的时间相应缩短，烧损也因而下降，还减少了粘连的现象。所以，多点供热的炉子加热质量也较好。

为了施工和日常维护方便，现在的加热炉均为平炉顶布置，各供热段利用隔墙分开，由于二段式加热炉已无法满足高产量、高质量的产品要求，下面仅介绍三段平炉顶加热炉和多段平炉顶加热炉。平炉顶加热炉构造如图5-3所示。

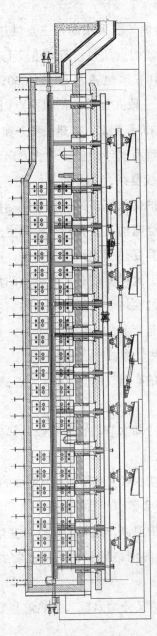

图 5 - 3 平炉顶加热炉构造

　　三段平炉顶加热炉一般采用的是三点供热，即均热段、加热段的上下加热；或四点加热，即均热段上下加热，加热段的上下加热。其中下加热占总热量的 50%，上加热占35%，均热占 15%。三段式加热炉的供热点（即烧嘴安装位置）一般设在均热段端部和侧部，加热段上方和下方的侧部和炉顶。设在端部的烧嘴有利于炉温沿炉长方向的分布，但它的缺点是烧嘴安装比较复杂，且劳动条件较差，操作也不方便。烧嘴安装在侧部的优缺点正好与安装在端部相反。在连续加热炉上设上、下烧嘴加热，有利于提高生产率，这是因为坯料受两面加热，其受热面积约增加一倍，这相当于减薄了近一半的坯料厚度，这样就缩短了对坯料的加热时间。另外，两面加热还可以消除坯料沿厚度方向的温度差，这对提高产品的质量无疑将是有利的。一般情况下，下加热烧嘴布置的数量应多于上加热烧嘴。这是因为：

　　（1）燃料燃烧后的高温气体会自动上浮，这样可以使上、下加热温度均匀；

　　（2）炉子下部有冷却水管，它要吸收一部分热量，这部分热量主要来自下加热；

　　（3）坯料放在冷却水管上容易造成其断面的温度差（即平时看到的黑印），这样会影响产品的质量；

　　（4）如果上加热炉温高，坯料会出现一些熔化，而熔化的钢液则顺着两相邻的钢料缝隙向下流，发生通常所说的"粘钢"现象。

　　多段平炉顶加热炉又分为六段式加热炉和数字化虚拟分

段式加热炉，六段式加热炉一般分为加热一段上加热、加热一段下加热、加热二段上加热、加热二段下加热、均热段上加热和均热段下加热，供热比例分别为 19%、21%、14%、16%、14%、16%，各段之间采用上下隔墙分开，烧嘴分布跟三段式相同；数字化虚拟分段式加热炉适用于生产高品质钢材的企业，整个加热炉沿长度方向每两对烧嘴(上下各一对)组成一个控制区，多个控制区组成一个供热段，由于每个区可以单独控制，所以这种炉子的供热段可以根据不同钢种的加热制度任意调整长度。其所有烧嘴均分布在炉子两侧。炉子构造跟多段平炉顶类似，仅是控制方式有所不同。

数字加热炉的特点：数字化控制是相对于传统的比例燃烧的控制而言的，数字化燃烧控制所需热量是通过控制烧嘴的燃烧时间来实现的，这优于调节空气/燃气流量的传统控制方式，主要体现在：烧嘴时序脉冲式燃烧，实现了对每一对烧嘴的单独控制。这样断开了火焰分布、炉内气氛控制与加热炉生产率之间的联系，带来的结果包括：

(1) 增加了燃料效率，减少了温室效应气体的排放；

(2) 能够更好地控制火焰形状和热量分配；

(3) 减少氧化铁皮的生成。

待轧或者生产速率异常时，这种控制方式的益处更为明显。和常规加热炉相比，所有运行的加热炉中数字化炉表现出更加稳定的性能，烧嘴始终以最大速率燃烧，带来的结果包括：

(1) 恒定的空燃比使燃烧保持稳定、最优状态；

（2）减少氧化氮的排放；

（3）降低燃料单耗。

5.2 加热炉的用水点及循环冷却形式

冷却水主要用于炉内水冷构件的冷却，可使其具有足够的强度并延长使用寿命。冷却水的温度、流量、压力变化对于加热炉的影响均比较大，一旦冷却水出现问题，将会引起加热炉的重大事故。

5.2.1 加热炉用水点

一般加热炉用水点有如下几处：炉头/尾支撑水梁（推钢式）、炉内装/出料悬臂辊道（步进式）、进料缓冲器、高温摄像头、炉内支撑水管、液压站、风机、水封槽等。

（1）炉头/尾支撑水梁。对于推钢式加热炉，由于采用端进端出式装/出料方式，炉门较大，炉门上方支撑梁采用低水泥浇注料预制成型，内设通水冷却的钢管，以保证足够的强度。

（2）炉内装/出料悬臂辊道。用于步进式加热炉，装/出料辊道采用悬臂式，由于在炉内工作，必须采用水冷方式以保证其强度和寿命。炉内装出料悬臂辊道的辊身采用耐热合金钢铸造成形，固定在空芯轴的尾端；空芯轴采用热轧无缝管或锻钢制造，安装在轴承座上。每个辊子都是辊轴单独水冷，通过旋转接头供水。每个辊子的圆周速度均由一台 VVVF 电机控制器控制，正常情况下使辊道空转以消除热应力而延长使用寿命。在运送钢坯时，辊道将自动控制到规定的速度运行。检修时可将炉内辊身抽出炉外处理维护。

（3）进料缓冲器。进料缓冲器也称事故挡板，安装在进料辊道末端的炉子侧墙上，其作用是防止进料辊道失控时钢坯冲撞炉墙，损坏炉衬耐火材料。挡板为铸造结构，采用弹簧减震装置缓冲，通水冷却。

（4）高温摄像头。炉内高温型工业电视系统主要用来监视钢坯装炉、出炉时的位置是否准确以及钢坯在炉内的运行情况，同时也用来观察炉内火焰的燃烧情况。摄像机采用探头式，高温摄像头分别安装在加热炉的装料端和出料端炉墙上，摄像头带保护罩，采用水冷和气冷两种方式冷却。

（5）炉内支撑水管。它又称炉底水管，钢坯在沿炉长铺设的炉底水管上向前移动。其水冷方式有水冷和汽化冷却两种，可作为加热炉重要冷却部分。

（6）液压站。当油温过高时，开始控制冷却器进水的电磁阀开启，供冷却水使油温下降至设定温度。

（7）风机。风机传动轴承采用循环水冷却方式，保证轴承温度在允许范围之内工作。

（8）水封槽。用于活动梁穿过炉底开孔处的密封。在炉底开孔处的炉底钢结构下部，安设裙式水封刀及刮渣板，其浸于水封槽内实现水封，水封槽支撑在平移框架上，对水质没有要求。

5.2.2 炉底水管循环冷却方式

加热炉的冷却系统是由加热炉炉底的冷却水管和其他冷

却构件构成。冷却方式分为水冷却和汽化冷却两种。

5.2.2.1 炉底水冷结构

A 炉底水管的布置

在两面加热的连续加热炉内,坯料在沿炉长敷设的炉底水管上向前滑动。炉底水管由厚壁无缝钢管组成,内径 50 ~ 80mm,壁厚 10 ~ 20mm。为了避免坯料在水冷管上直接滑动时将钢管壁磨损,在与坯料直接接触的纵水管上焊有 20 ~ 40mm 的圆钢或方钢,称为滑道(或滑轨),磨损以后可以更换,而不必更换水管。为了增加滑道的耐磨性,常采用连续焊缝以加强冷却,也有用矩形钢管、椭圆形钢管制作,如图 5 - 4(c)所示。这类结构对钢料的冷却作用强,"黑印"严重,多用于加热炉的预热段。在炉子的加热段和均热段将纵水管故意下降 50 ~ 100mm,水管上面覆盖厚度为 70 ~ 150mm 的金属滑道。厚度较小的称为半热滑道,如图 5 - 4(b)所示;厚度较大或在水管与滑道之间衬以隔热材料的称为热滑道。

两根纵向水管间距不能太大以免坯料在高温下弯曲,最大不超过 2m。但也不宜太小,否则下面遮蔽太多,削弱了下加热,最小不少于 0.6m。为了使坯料不掉道,坯料两端应比水管宽出 100 ~ 150mm。

炉底水管承受坯料的全部质量(静负荷),并经受坯料推移时所产生的动载荷。因此,纵水管下需要有支撑结构。炉底水管的支撑结构形式很多,一般在高温段用横水管支撑,横水管彼此间隔 1 ~ 3.5m,如图 5 - 5(a)所示,横水管两端穿

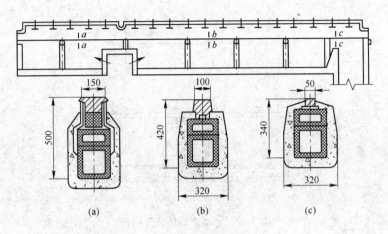

图 5 - 4 加热炉各段滑道

(a) *a—a*; (b) *b—b*; (c) *c—c*

过炉墙靠钢架支持。支撑管的水冷却不与炉底纵水管的冷却连通，二十几个管子顺序连接起来，形成一个回路，这种结构只适用于跨度不大的炉子。当炉子很宽，上面坯料的负载很大时，需要采用双横水管或回线形横支撑管结构，如图 5 - 5 (b)所示。管的垂直部分用耐火砖柱包围起来，这样下加热炉膛空间被占去不少。

在选择炉底水管支撑结构时，除了保证其强度和寿命外，应力求简单。这样，一方面减少水管可以减少热损失，另一方面可以避免下加热空间被占去太多，这一点对下部的热交换和炉子生产率的影响很大。所以，现代加热炉设计中，力求加大水冷管间距，减少横水管和支柱水管的根数。

在步进式加热炉内，设置了固定梁和活动梁。固定梁的主要作用是支撑钢坯；活动梁的主要作用是通过矩形运动，

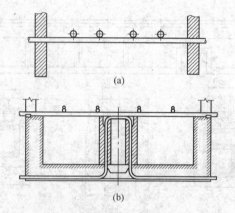

(a)

(b)

图5-5 炉底水管的支撑结构

将钢坯从固定梁上的一个位置搬运到另一个位置。在活动梁上，间断地交错设置了耐高温垫块，固定梁和活动梁由立柱支撑。固定梁、活动梁和支撑立柱采用108～219mm厚壁碳素无缝钢管制成；固定梁和活动梁一般为双管结构，如图5-6所示，其间用小方钢连接，也有的采用椭圆形钢管制作；支撑立柱常采用无缝钢管制作的双层套管，用水冷却，

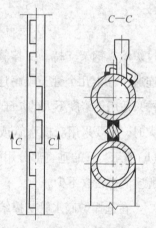

图5-6 水梁双层结构及垫块布置

外管进水，内管排水。每根立柱根部都有放水、排污和检查用阀门。立柱管与纵向支撑梁用刚性焊接结构，立柱在安装时要考虑纵向支撑梁受热时的膨胀量，使其在炉子工作状态下保持垂直受力。

B 炉底水管的绝热

炉底水冷滑管和支撑管加在一起的水冷表面积达到炉底面积的 40%～50%，可带走大量热量。又由于水管的冷却作用，使坯料与水管滑轨接触处的局部温度降低 200～250℃，使坯料下面出现两条水冷"黑印"，在压力加工时很容易造成废品。例如，轧钢加热炉加热板坯时出现的黑印影响会更大，温度的不均匀可能导致钢板的厚薄不均匀。为了清除黑印的不良影响，通常在炉子的均热段砌筑实炉底，使坯料得到均热。但降低热损失和减少黑印影响的有效措施，就是对炉底水管实行绝热包扎，如图 5-7 所示。

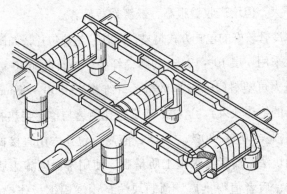

图 5-7 炉底水管绝热的结构图

连续加热炉节能的一个重要方面就是减少炉底水管冷却水带走的热量，为此应在所有水管外面加绝热层。实践证明，当炉温为 1300℃ 时，绝热层外表面温度可达 1230℃，可见，炉底滑管对钢坯的冷却影响不大。同时还可看出，水管绝热时，其热损失仅为未绝热水管的 1/4～1/5。

过去水冷绝热使用异型砖挂在水管上，由于耐火材料要受坯料的摩擦和振动、氧化铁皮的侵蚀、温度的急冷急热、高温气体的冲刷等，使挂砖的寿命不长，容易破裂剥落。现已普遍采用可塑料包扎炉底水管。包扎时，在管壁上焊上锚固钉，能将可塑料牢固地抓附在水管上。它的抗热震性好，耐高温气体冲刷、耐振动、抗剥落性能好，能抵抗氧化铁皮的侵蚀，即使结渣也易于清除，施工比挂砖简单得多，使用寿命至少可达一年。这样包扎的炉底水管，可以降低燃料消耗 15% ~ 20%，降低水耗约 50%，炉子产量提高 15% ~ 20%，减少了坯料黑印的影响，提高了加热质量。并且投资费用不大，但增产收益很高，经济效益显著。

水冷管较好的包扎方式是复合(双层)绝热包扎，如图 5 - 8 所示。采用一层 10 ~ 12mm 的陶瓷纤维，外面再加 40 ~ 50mm 厚的耐火可塑料(10mm 厚的陶瓷纤维相当于 50 ~ 60mm 厚的可塑料的绝热效果)。这样的双层包扎绝热与单层绝热相比可减少热损失 20% ~ 30%。我国目前复合包扎采用直接捣固法及预制块法，前者要求施工质量高，使用寿命因施工质量好坏而异，后者值得推广。预制块法是用渗铝钢板作锚固体，里层用陶瓷纤维，外层用可塑料机压成型，然后烘烤到 300℃，再运到现场进行安装，施工时，将金属底板焊压在水管上即可。

为了进一步消除黑印的影响，长期以来人们都在研究无水冷滑轨。无水冷滑轨所用材质必须能承受坯料的压力和摩擦，又能抵抗氧化铁皮的侵蚀和温度急变的影响。国外一般

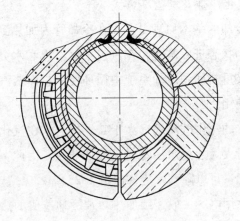

图 5-8 水管的双层绝热

采用电熔刚玉砖或电熔莫来石砖，在低温段则采用耐热铸钢金属滑轨，但价格很高，而且高温下容易氧化起皮，不耐磨。国内试验成功了棕刚玉-碳化硅滑轨砖，座砖用高铝碳化硅制成，效果较好。棕刚玉（即电熔刚玉）熔点高，硬度大，抗渣性能也好，但抗热震性较差。以85%的棕刚玉加入15%碳化硅，再加5%磷酸铝作高温胶结剂，可以满足滑轨要求。碳化硅的加入提高了制品的导热性，改善了抗热震性。通常800℃以上的高温区用棕刚玉-碳化硅滑轨砖及高铝碳化硅座砖，800℃以下可采用金属滑轨和黏土座砖，金属滑轨材料可用 ZGMn13 或 1Cr18Ni9Ti。

5.2.2.2 汽化冷却

加热炉的炉底水管采用水冷却时耗水量大，带走的热量也不能很好利用，采用汽化冷却可以弥补这些缺点。

A 汽化冷却及其循环方式

汽化冷却的基本原理是：水在冷却管内加热到沸点，呈汽水混合物状态进入汽包，在汽包中使蒸汽和水分离。分离出来的水又重新回到冷却系统中循环使用，而蒸汽从汽包中引出可供使用。

由于水的汽化潜热远远大于其显热，水在汽化冷却时吸收的总热量大大超过水冷却时吸收的热量。因此，汽化冷却时水的消耗量可以降到水冷却时的 1/25 ~ 1/30，从而节约了软水和供水用电。一般连续加热炉水冷却造成的热损失占热总支出项的 13% ~ 20%，而同样炉子改为汽化冷却时，热损失可降到 10% 以下。汽化冷却产生的低压蒸汽可用于加热或雾化重油，也可供生活设施使用。另外，使用软水的管子和汽包很少结垢，寿命可提高一倍以上。

加热炉汽化冷却循环方式分为强制循环和自然循环两种，如图 5-9 和图 5-10 所示。

自然循环时，水从汽包进入下降管流入冷却水管中，被

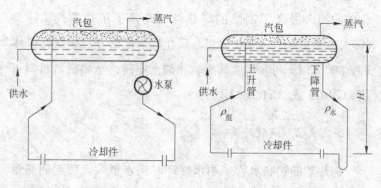

图 5-9 强制循环原理   图 5-10 自然循环原理

加热到沸点，形成的汽水混合物再经上升管进入汽包。因汽水混合物的密度 $\rho_{混}$ 比水的密度 $\rho_{水}$ 小，故下降管内水的重力大于上升管内汽水混合物的重力，两者的重力差为 $Hg(\rho_{水} - \rho_{混})$，即为汽化冷却自然循环的动力。汽包的位置越高（H 值越大），或汽水混合物密度 $\rho_{混}$ 越小（即其中含汽量越大），则自然循环的动力越大。因此，在管路布置上，首先要考虑有利于产生较大的自然循环动力，并尽量减少管路阻力。但汽包位置太高，上升管阻力增加很多，同时循环流速增大，会使汽水混合物中含汽量减少，反过来又影响上升动力。此外，汽包高度太大，还将使建设投资增加。

加热炉自然循环汽化冷却系统的布置有三种形式：

（1）下降管和上升管均为集管系统；

（2）上升管和下降管均为单回路系统；

（3）下降管为集管，上升管为单管的系统。

第一种布置结构简单，但各路之间可能产生干扰；第二种布置安全可靠，管与管之间不发生干扰，但管路多而复杂，投资较高，操作不太方便；第三种布置介于两者之间，自然循环多采用这种系统。有些冷却部件不太多的炉子，也有采用单回路系统的。强制循环的炉子，一般采用第一种，即上升管与下降管都是集管。

强制循环需要额外的电源作动力，增加了能量消耗和运行维护费用，这一点不及自然循环，只有在现场因汽包及管路布置受到限制时才不得不采用强制循环。

B 安全监控附件

汽化冷却系统的运行压力通常远高于大气压力，这种运行压力远高于大气压力的容腔部件称为压力容器。例如，汽包、汽化冷却水管等。为了运行监控和保障安全，压力容器上通常还附属有各种安全监控部件，一般包括安全阀、压力表、液位计等，这些附件的使用应符合相应标准的规定。

a 安全阀

安全阀是一种自动泄压报警装置。它的主要作用是：当汽包蒸气压力超过允许的数值时，能自动开启、排汽泄压，同时能发出音响警报，警告司炉人员，以便采取必要的措施，降低汽包压力，使汽包压力降到允许的压力范围内安全运行，防止汽包超压而引起爆炸。安全阀一般每年至少校验一次，更换期限由使用单位根据本单位的实际情况确定。安全阀的开启压力不得超过压力容器的设计压力。压力容器与安全阀之间不宜装设中间截止阀门。安全阀的装设位置，应便于检查和维修。

b 压力表

压力表是一种测量压力大小的仪表，可用来测量汽包内实际的压力值。压力表也是汽包上不可缺少的安全附件。选用压力表时，必须与压力容器内的介质相适应，低压容器使用的压力表精度不应低于 2.5 级，中压及高压容器使用的压力表精度不应低于 1.5 级。压力表盘刻度极限值为最高工作压力的 1.5 ~ 3.0 倍，最好选用 2 倍。表盘直径不应小于 100mm。

　　压力表的校验和维修应符合国家计量部门的有关规定，安装前在刻度盘上应划出指示最高工作压力的红线，压力表校验后应加铅封。

　　压力表有下列情况之一时，应停止使用：

　　（1）有限止钉的压力表，在无压力时，指针不能回到限止钉处；无限止钉的压力表，在无压力时，指针距零位的数值超过压力表的允许误差。

　　（2）表盘封面玻璃破裂或表盘刻度模糊不清。

　　（3）封印损坏或超过校验有效期限。

　　（4）表内弹簧管泄漏或压力表指针松动。

　　（5）其他影响压力表准确指示的缺陷。

　　c　液位计

　　液位计是一种反映液位的测量仪器，用来表示汽包内水位的高低，可协助司炉人员监视汽包水位的动态，以便控制汽包水位在正常范围之内。

　　液位计应安装在便于观察的位置，大型压力容器还应有集中控制设施和警报装置。液位计的最高和最低安全液位，应做出明显的标记。压力容器运行操作人员，应加强液位计的维护管理，经常保持完好和清晰。

　　液位计有下列情况之一时，应停止使用：

　　（1）超过校验周期。

　　（2）玻璃板(管)有裂纹、破碎。

　　（3）阀件固死。

　　（4）经常出现假液位。

5.3 测温仪在加热炉上的分布及测量原理

加热炉的作用是把金属加热到高温，因此，炉温和金属温度的高低直接影响着加热炉的产量和产品的质量，为了更精准的调节炉内温度，一般都采用测温仪表将一些检测出来的温度参数显示出来并以此指导人们的操作并实现自动调节，从而满足各个钢种的加热制度。

测温仪一般分为以下三个部分：

（1）检测部分。它直接感受某一参数的变化，并引起检测元件某一物理量发生变化，而这个物理量的变化是被检测参数的单值函数。

（2）传递部分。将检测元件的物理量变化，传递到显示部分去。

（3）显示部分。测量检测元件物理量的变化，并且显示出来，可以显示物理量变化，也可以根据函数关系显示待测参数的变化。前者多用在实验室内，而工业生产中大多数用后者，因为它比较直观。

用来测量温度的仪表，称为测温仪表。温度是热工参数中最重要的一个，它直接影响工艺过程的进行。在加热炉中，钢的加热温度、炉子各区域的温度分布及炉温随时间的变化规律等都直接影响炉子的生产效率及加热质量。检测金属换热器入口温度对预热温度及换热器使用寿命起很大作用，故对温度的正确检测极其重要。加热炉经常使用的温度计有热电偶高温计、光学高温计和全辐射高温计三种。下面分别介绍它们的工作原理和结构。

5.3.1 测温方法简介

要检测温度，必须有一个感受待测介质热量变化的元件，称为感温元件或温度传感器。感温元件感受到待测介质的热量变化后，引起本身某一物理量发生变化，产生一输出量。当达到热平衡状态时，感温元件有一稳定的物理量输出(μ)。μ可以直接观察出来，如水银温度计即是根据水银受热膨胀后的体积大小从刻度上读出所测温度。大多数的μ要经过传递部分传送到显示仪表中将其变化显示出来，如图5－11(a)所示。在单元组合仪表中，感温元件的物理量μ的变化要经过变送器转换成统一的标准信号g后再传递到显示单元中加以显示，如图5－11(b)所示。

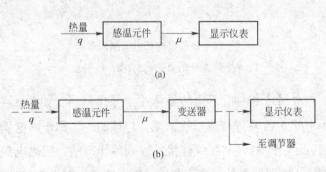

图5－11　测温原理图

测温仪表的种类、型号、品种繁多，按其所测温度范围的高低，将测500℃以上温度的仪表称为高温计，测500℃以下温度的仪表称为温度计，最常用的分类方法是按测温原理，即感温元件是以何种物理变化来分类。

5.3.2 热电偶高温计

最简单的热电偶测温系统如图 5 - 12 所示。它由热电偶感温元件 1，毫伏测量仪表 2(动圈仪表或电位差计)以及连接热电偶和测量电路的导线(铜线)及补偿导线 3 组成。

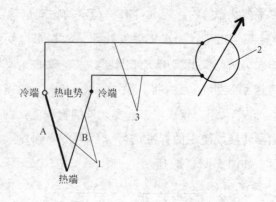

图 5 - 12　最简单的热电偶测温系统
1—热电偶 A 与 B；2—测温仪表；3—导线

热电偶是由两根不同的导体或半导体材料，如图 5 - 12 所示中的 A 与 B 焊接或铰接而成。焊接的一端称作热电偶的热端(或工作端)，和导线连接的一端称作冷端。把热电偶的热端插入需要测温的生产设备中，冷端置于生产设备的外面，如果两端所处的温度不同，则在热电偶的回路中便会产生热电势。在热电偶材料一定的情况下，热电势的大小完全取决于热端温度的高低。用动圈仪表或电位差计测得热电势后，便可知道被测物温度的大小。

5.3.2.1 热电偶测温的基本原理

热电偶测量温度的基本原理是热电效应。所谓热电效应就是将两种不同成分的金属导体或半导体两端相互紧密地连接在一起，组成一个闭合回路，当两连接点 a、b 所处温度不同时，则此回路中就会产生电动势，形成热电流的现象。换言之，热电偶吸收了外部的热能而在内部发生物理变化，将热能转变成电能的结果。图 5 – 13 为热电效应示意图。

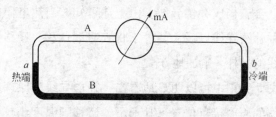

图 5 – 13　热电效应示意图

5.3.2.2 热电偶的冷端补偿

从热电偶的测温原理中可知，热电偶的总热电势与两接点的温度差有一定关系，热端温度越高，则总热电势越大；冷端温度越高，则总电势越小，从总电势公式 $E_{AB}(t, t_0) = E_{AB}(t, 0) - E_{AB}(t_0, 0)$ 可以看出，当冷端温度 t_0 愈高，则热电势 $E_{AB}(t_0, 0)$ 愈大，因此，总热电势 $E_{AB}(t, t_0)$ 愈小。所以，冷端温度的变化，对热电偶的测温有很大影响。热电偶的刻度是在冷端温度 $t_0 = 0℃$ 时进行的。但在实际应用时，冷端温度不但不会等于零度，也不一定能恒定在某一温度值，因而就会有测量误差。消除这种误差的方法很多，下面介绍几种常用的方法。

A 补偿导线法

补偿导线法，这种方法在工业上广泛应用。补偿导线实际就是由在一定的温度范围内(0～100℃)与所配接的热电偶有相同的温度——热电势关系的两种贱金属线所构成，或者说，当将此两种贱金属线配制成热电偶形式时，使热端受100℃以下温度范围的作用，与所配接的热电偶有相同的温度 - 热电势等值关系。例如，铂铑 - 铂热电偶就是利用铜和铜镍合金两种贱金属构成补偿导线。由上述可知，当热电偶的冷端配接这种补偿导线以后，就等于将其冷端迁移，迁移到所接补偿导线的另外一端的地方。

从图 5 - 14 中可以明显地看出，补偿导线的原理就等于将热电偶的原冷接点位置移动一下，搬移到温度比较低和恒定的地方。同时也可以知道，利用补偿导线作为冷接的补偿并不意味着完全可以免除冷端的影响误差（除非所搬移的地方为 0℃或配用仪表本身附有温度的自动补正装置），因为新移的冷端一般都是仪表所在处的室温或高于 0℃，但配用仪表的温度刻度关系一般从 0℃开始，因此在这种情况下也要产生一定程度的读数误差，其大小要看新移冷接点温度的高低而定。相反，若将补偿导线所接引的新冷端处于一温度较高或波动的地方，那么可以很明显地看出补偿导线会完全失掉其应有的意义。另外，更应注意到热电偶与补偿导线连接端所处的温度不应超出 100℃，不然也会产生一定程度的温度读数误差。

举例来进一步说明，有一镍铬 - 镍硅热电偶测量某一真

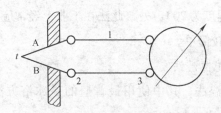

图 5 - 14　补偿导线的原理

1—补偿导线；2—原自由端；3—新自由端

实温度为1000℃地方的温度，配用仪表放置于室温20℃的室内，设热电偶冷接点温度为50℃，若热电偶和仪表的连接使用补偿导线或普通铜质导线，两者所测得的温度各为多少度？又与真实温度各相差多少度？

由温度和热电势关系表中可查出其在 1000℃、50℃、20℃的等值热电势各为41.27mV、2.02mV、0.8mV，若使用补偿导线时，热电偶的冷接点温度则为20℃，所以配用仪表测得的热电势为41.27 - 0.8 = 40.47mV 或为979℃；若使用一般铜导线时，其实际冷接点仍在热电偶的原冷接点，即50℃，这样配用仪表所测得的实际热电势为41.27 - 2.02 = 39.25mV 或为948℃。则两者相差979 - 948 = 31℃，与真实温度各相差21℃和52℃。

B　调整仪表零点法

一般仪表在正常时指针指在零位上 a 处，如图 5 - 15 所示。应用此法补正冷端时，将指针调到与冷端温度相等的 b

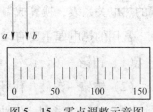

图 5 - 15　零点调整示意图

点(设冷端温度为20℃)处，此法在工业上经常应用，虽不太准确，但比较简单。

C 冷端恒温法

冷端恒温法，其中使用最普遍的是冰浴方法。在实验中常采用此法，如图5-16所示。在恒温槽内装有一半凉水和一半冰，并严密封闭，使恒温槽内不受外界的热影响，槽内冷接点要和冰水绝缘，以免短路，一般用一试管，把冷接点放在试管中。

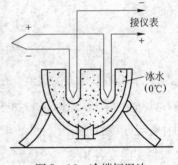

图5-16 冷端恒温法

5.3.2.3 热电偶的制作材料

可以产生热电效应的材料很多，但并不都能有稳定的热电关系而适于做热电偶材料。目前，热电偶材料已标准化，并已测出了它们的热电关系。有的显示仪表是直接和热电偶配套的，可以直接从表上读出温度的示数，当没有配套的显示仪表时，可由一般的毫伏表或电位计读出示数，再查热电偶的热电关系表，换算成温度。

常用的热电偶主要有以下几种：

(1) 铂铑-铂，代号LB，测温范围800~1600℃。

(2) 镍铬-镍硅，代号EU，测温范围1000~1300℃。

(3) 镍铬-考铜，代号EA，测温范围600~800℃。

（4）铂铑－铂铑，代号 LL，是两种成分不同的铂铑合金所做成的一种新型热电偶，测温范围可高达 1800℃，一般也称之为双铂铑热电偶。

5.3.2.4 热电偶的使用注意事项

为提高测量精确度，减少测量误差，在热电偶使用过程中，除要经常校对外，安装时还应特别注意以下问题：

（1）安装热电偶要注意检查测点附近的炉墙及热电偶元件的安装孔须严密，以防漏风，不应将测点布置在炉膛或烟道的死角处。

（2）测量流体温度时，应将热电偶插到流速最大的地方。

（3）应避免或尽量减少热量沿着热电极及保护管等元件的传导损失。

（4）要避免或尽量减少热电偶元件与周围器壁或管束等辐射传热。这对于测量炉气或废气温度尤为重要。

（5）热电偶插入炉内的长度应适当，且不能被挡住，否则测量结果会偏低。

5.3.3 光学高温计

在冶金生产过程中，对于加热炉常常要测定其加热的钢坯表面温度。而测量这些参数无法用直接接触测量方法（如热电偶高温计），而只能用非接触测量方法主要是热辐射测温法进行测量。光学高温计就是常用的一种。

5.3.3.1 光学高温计的测温原理

任何物体在高温下都会向外投射一定波长的电磁波(辐射能)。而电磁波的波长为 0.65μm 的可见光对人的眼睛比较敏感，况且此波长的辐射能随温度变化，它的变化很显著。可见，光能的大小表现在它对人眼亮度的感觉上，物体温度越高，它所射出的可见光能越强，即看到的可见光就越亮。

光学高温计测量温度的方法就是把被测物体在 0.65μm 波长时的亮度和装在仪表内部的高温计通电灯泡的灯丝亮度作比较，当仪表灯丝亮度与被测物体所发出亮度相同时，即说明灯丝温度与被测物体温度相同。因为灯丝的亮度是由通过灯丝的电流决定的，每一个电流强度对应于一定的灯丝温度，故测得电流大小即可得知灯丝的温度，也即测得被测物体的温度。所以这种高温计也称为隐丝式光学高温计。

图 5-17 是隐丝式光学高温计示意图，当合上按钮开关 S 时，标准灯 4(又称光度灯)的灯丝由电池 E 供电。灯丝的亮度取决于流过电流的大小，调节滑线电阻 R 可以改变流过灯丝的电流，从而调节灯丝亮度。毫伏计可用来测量灯丝两端的电压，该电压随流过灯丝电流的变化而变化，间接地反映出灯丝亮度的变化。因此，当确定了灯丝在特定波长(0.65μm 左右)上的亮度和温度之间的对应关系后，毫伏计的读数即反映出温度的高低，所以，毫伏计的标尺都是按温度刻度的。

由放大镜 1(物镜)和 5(目镜)组成的光学透镜部分相当于

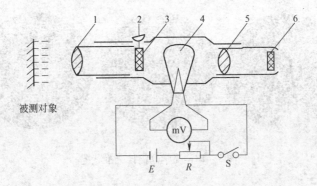

图 5-17　光学高温计示意图

1—物镜；2—旋钮；3—吸收玻璃；4—光度灯；

5—目镜；6—红色滤光片；mV—毫伏计

一架望远镜，移动目镜 5 可以清晰地看到标准灯灯丝的影像，移动物镜 1，可以看到被测对象的影像，它和灯丝影像处于同一平面上。这样就可以将灯丝的亮度和被测对象的亮度相比较。当被测对象比灯丝亮时，灯丝相对地变为暗色，当被测对象比灯丝暗时，灯丝变成一条亮线。调节滑线电阻 R 改变灯丝亮度，使之与被测对象亮度相等时，灯丝影像就隐灭在被测对象的影像中，如图 5-18 所示，这时说明两者的辐射强度是相等的，毫伏计所指示的温度即相当于被测对象的"亮度温度"，这个亮度温度值经单色黑度系数加以修正后便获得被测对象的真实温度。

红色滤光片 6 的作用是为了获得被测对象与标准灯的单色光，以保证两者是在特定波段上（$\lambda = 0.65\,\mu m$ 左右）进行亮度比较。吸收玻璃 3 的作用是将高温的被测对象亮度按一定

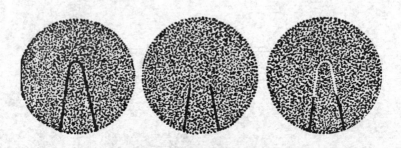

图 5 – 18　光学高温计瞄准状况

比例减弱后供观察，以扩展仪表的量程。

　　但是，光学高温计毕竟是用人的眼睛来检测亮度偏差的，也是用人工通过调整标准灯亮度来消除偏差达到两者的平衡状态的(灯丝影像隐灭)。显然，只有被测对象为高温时，即其辐射光中的红光波段($\lambda = 0.65\mu m$ 左右)有足够的强度时，光学高温计才有可能工作。当被测对象为中、低温时，由于其辐射光谱中红光波段微乎其微，这种仪表也就无能为力了。所以，光学高温计的下限一般是700℃以上。再者，由于人工操作，反应不能快速、连续，更无法与被测对象一起构成自动调节系统，因而光学高温计不能适应现代化自动控制系统的要求。

5.3.3.2　使用光学高温计应注意的事项

　　(1) 非黑体的影响。由于被测物体是非绝对黑体，而且物体的黑度系数 ε_λ 不是常数，它和波长 λ、物体的表面情况以及温度的高低均有关系。黑度系数有时变化是很大的，这对测量带来很不利的影响，有时为了消除 ε_λ 的影响，可以人为地创造黑体辐射的条件。

（2）中间介质的影响。光学高温计和被测物体之间如果有灰尘、烟雾和二氧化碳等气体时，对热辐射会有吸收作用，因而造成误差。在实际测量时很难控制到没有灰尘，因此，光学高温计不能距离被测物体太远，一般在 1～2m 之内，最多不超过 3m。

（3）光学温度计要尽量做到不在反射光很强的地方进行测量，否则会产生误差。

（4）特别注意保持物镜清洁，并定期送检。

5.3.4 光电高温计

由光电感温元件制成的全辐射光电高温计是一种新型的感温元件。由传热原理中得知，物体的辐射能力 E 与其绝对温度的四次方成正比，如能测出辐射体（高温物体）的辐射能力，即可得到 T。光电高温计即是通过测量 E 达到测量 T 的目的，其测量原理如图 5-19 所示。

物体的辐射能力 E 经物镜聚焦在由数支热电偶串联组成的电堆上，根据 E 的变化来测热电堆的热电势。热电堆焊在一面涂黑的铂片 5 上，接受待测物体经物镜 2 聚焦后的 E，使热电堆 4 受热产生热电势，由显示仪表显示，3 用来调节射到 5 上的辐射能。

这种温度计的最大优点是热电偶不易损坏，当测量 1400℃ 的炉温时，铂片的温度也只有 250℃ 左右，因而可大大

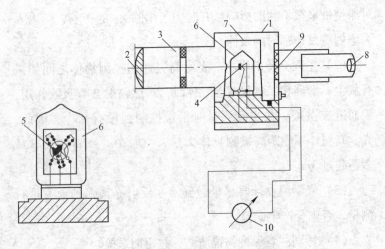

图 5 - 19 全辐射感温元件原理

1—镜头外壳；2—物镜；3—遮光屏；4—热电堆；5—铂片；

6—热电堆灯泡；7—灯泡外罩；8—目镜；9—滤光片；10—显示仪表

降低热电偶的消耗量；缺点是测量温度受物体黑度及周围介质影响而不太准确，校正也较困难。

5.3.5 测温仪的分布

加热炉采用的测温仪一般为热电偶式，根据不同的测量环境决定使用型号，高温测温仪用于监测炉内温度、烟气温度，低温测温仪用于测量冷却水温度、风机轴承温度等。

早期炉内热电偶每供热段布置 1～2 支，测量炉子上部温度的热电偶居中布置于炉顶，测量炉底温度的热电偶因为避免氧化铁皮的覆盖而布置在侧墙。

近期自动化程度较高的加热炉，由于采用计算机自动控制，每个区域内布置两支热电偶，一支参与控制，一支备用，避免一支出现故障时造成自动停炉事故。有的加热炉为了使加热温度更加均匀，更加符合各种钢种的加热制度，会沿炉长均匀布置多支热电偶。

换热器前和引风机进口前布置两支热电偶，用来保护换热器和引风机，当烟气温度超高时，启动注入冷风程序或者热风放散程序以降低烟气温度。

6

加热炉温度管理及加热缺陷的
消除方法

金属的加热温度是指金属在炉内加热完毕出炉时的表面温度。金属的热加工过程，如轧制、锻压、挤压、焊接等工艺所要求的加热温度则根据金属的性质、热加工工艺特点、热加工设备性能以及降低消耗等因素来确定。由于这些因素的不同通常要求不同的加热温度。最合适的加热温度应使金属获得最好的塑性和最小的变形抗力，因为这样才有利于热加工，有利于提高产量、减少设备磨损和动力消耗。

6.1 加热炉点火升温曲线的制定方法

炉子一般均在低温下砌筑，在高温下工作，新建成或经大、中、小修的炉子竣工后其耐火砌体内含有大量的水分和潮气，不能直接进入高温状态下工作。否则，会因为潮气和水分蒸发过快及砌体剧烈膨胀而使炉体遭到破坏。因此，加热炉在投产前必须进行烘干与烘炉。

6.1.1 炉子的干燥及养护

加热炉的绝大部分都是由耐火材料砌体或耐火混凝土等构筑而成。耐火材料在储运与砌筑过程中将渗入或吸收大量水分和潮气。因此，在开炉前必须使炉子耐火砌体内的这些水分与潮气缓慢蒸发出去，这个过程就是炉子的干燥。

加热炉的干燥一般都采用自然干燥方法，在炉子干燥过程中，应将所有炉门、观察孔及烟道闸板打开，使空气能更好地在炉内流通，以增加干燥速度。炉子的干燥时间应依修炉季节、炉子的大小、砌体的干燥程度等具体情况而定。一般为24~48h或更长。

在加热炉进行热修时，往往由于炉内温度较高，砌体内的水分与潮气在修炉过程中已蒸发掉，这时就不再需要特殊的干燥过程。采用耐火混凝土构筑的炉子，当现场捣固成型后，必须按养护制度进行养护。耐火混凝土的养护制度见表6-1。

表6-1 耐火混凝土的养护制度

种　类	养护环境	养护温度/℃	最少养护时间/d
磷酸耐火混凝土	自然养护	>20	3~7
矾土泥耐火混凝土	水中或潮湿养护	15~25	3
水玻璃耐火混凝土	自然养护	15~25	7~14
硅酸盐水泥	水中或潮湿养护	15~25	7

6.1.2 烘炉

新建或检修竣工后的炉子，为避免炉体开裂及损坏，使炉温缓慢均匀提升到工作温度，并在一定的温度水平上进行保温，以避免耐火砌体剧烈膨胀及耐火材料晶型转变引起体积变化造成耐火砌体损坏的过程，称为烘炉。烘炉是加热炉顺利投入生产关键的第一步。

6.1.2.1 烘炉燃料

烘炉燃料可以用木柴、煤、重油、焦油及煤气。如果采用木柴烘炉，应在炉底适当的地点放置木柴火堆，使炉子各部分砌体均匀受热，同时应关闭所有炉门，炉子的温升应按烘炉曲线进行。当炉温提高到加热炉所用燃料着火点后，改用炉子正常生产时所用燃料继续烘炉至烘炉结束投入生产。

若用液体燃料或煤气烘炉时，必须有特殊设备，以确保安全。以煤气为燃料的加热炉应采用煤气烘炉。煤气烘炉烧嘴可将 $\phi50 \sim 60mm$ 的管子一端堵死，在管子上打一排小孔，煤气经小孔喷出后燃烧，一般烘到炉温不能上升时再点炉子的烧嘴，继续烘炉到工作温度。

6.1.2.2 烘炉顺序

烘炉时，如果烟道与烟囱是新建的或冷的，则应先烘烟道与烟囱，再烘炉膛。最简单的方法是用木柴烘烤，将烟囱烘到 $200 \sim 300℃$ ，这时烟囱才具有一定的抽力，如果采用煤气烘烤，事先应接好并校准测温热电偶。煤气烧嘴应安置在烟囱断面中心，使烟囱四周均匀受热；烘烤时火焰要稳定，采用双烟道的炉子及两座炉子共用一个烟囱时，两边烟道的火力应平衡，温升速度控制在5℃/h，并做好记录，当温度不再上升时开始烘炉。在烘炉与烘烟囱的全过程中都必须随时检查烟囱表面，若发现表面开裂应及时调整温升速度。

6.1.2.3 烘炉制度

连续式加热炉烘炉制度根据炉子类型、结构尺寸及筑炉材料等具体情况制订。即使类型相同，尺寸相差不多的炉子，因筑炉材料及筑炉工艺等的不同，各厂采用的烘炉曲线也不尽相同。在烘炉操作过程中，应按烘炉曲线的要求控制炉子温升和保温时间，严禁超速。凉炉两天以内者，按照热修进行烘炉，并采用上烧嘴烘炉，在炉温低于300℃时，温升速度不得超过100℃/h；炉温低于700℃时，温升速度不得超过200℃/h；炉温在700℃以上时，可不受限制。凉炉两天至五天者，按小修烘炉。长期停炉后按中修或大修烘炉。图6-1为某厂连续式加热炉的小修、中修、大修烘炉时的烘炉曲线。

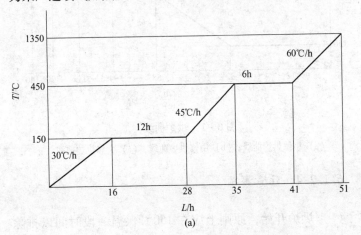

(a)

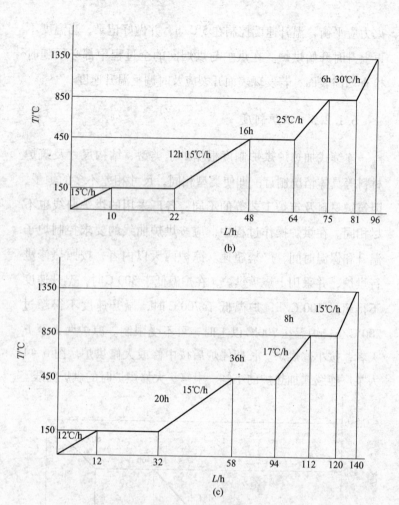

图 6-1 烘炉曲线

(a) 小修烘炉曲线；(b) 中修烘炉曲线；(c) 大修烘炉曲线

6.1.2.4 注意事项

(1) 烘炉开始，原则上应在 150℃ 保温一段时间以排除泥浆中的水分；在 350~400℃ 时缓慢升温以使结晶水分解；在 600~650℃ 时应保温一段时间，以确保黏土砖中游离 SiO_2 晶型转变时不使炉子砌体遭到破坏。在 1100~1200℃ 时要注意黏土砖的残存收缩。一般新建炉烘炉时间大约为 5~6 天（大型炉可达 10 天），中修烘炉约需 3~4 天，小修烘炉需 1~2 天。

（2）采用硅砖砌筑炉体或炉顶，烘炉时应按烘炉曲线要求严格控制温升及保温时间，不允许炉温突然升降。特别是在 200~300℃ 之间及 573℃ 左右时，因硅砖中 SiO_2 的晶型转变，体积骤然膨胀，产生较大应力，故在 600℃ 以下应缓慢升温。采用硅砖砌筑的炉顶，烘炉时应随时检查炉顶各部位的膨胀情况，并事先在炉顶中心线上放置几块标准砖作为标志，发现膨胀不均匀应立即调整火焰。

（3）连续加热炉烘炉时应关上炉门，炉温低于 700℃ 时采用微负压操作，炉温达到 700℃ 后转入微正压操作。烘炉过程中不允许长时间或经常打开炉门。以煤气为燃料的加热炉，用简易煤气管烘炉到温度不能上升时，应按先后顺序分别点燃上部和下部烧嘴。

（4）烘炉过程应采用较大空气量，严禁燃料不完全燃烧，并随时观察炉内火焰，以防熄火，以避免可燃成分在换热器与烟道等处积存，造成爆炸事故。

（5）烘炉开始应采用手动操作，炉温达 900℃ 后方能转入自动。

（6）烘炉过程中应经常巡回检查炉子各部分情况，发现砌体漏火及时灌灰并记录炉体膨胀及金属构件的变形情况。

6.2 温度管理的操作方法

温度管理是加热工序中最重要的一环，只有加热温度控制好了，才能获得最佳的塑性和最小的变形力，从而有利于提高轧制的产量、质量，降低能耗和设备磨损，并最终得到合格的产品。可从以下几方面去分析控制整个炉子的正常工作，以满足各钢种的加热制度。

6.2.1 钢坯温度

准确地判断钢坯加热温度，对于及时调节炉子加热制度、提高烧钢质量，是十分重要的，一般可以通过仪表测量出炉钢温及炉温，但仪表所指示的温度一般是炉内几个检测点的炉气温度，它有一定的局限性，所以，加热工如果想正确地控制钢温，必须学会用肉眼观察钢的加热温度，以便结合仪表的测量，更正确地调节炉温。不同温度下的钢坯颜色见表6-2。在有其他光源照射的情况下，目测钢温时，应注意遮挡，最好是在黑暗处进行目测，这样目测的误差会相对小些。

表6-2 不同温度下的钢坯颜色

钢坯颜色	温度/℃	钢坯颜色	温度/℃
暗棕色	530~580	亮红色	830~880
棕红色	580~650	橘黄色	880~1050
暗红色	650~730	暗黄色	1050~1150
暗樱红色	730~770	亮黄色	1150~1250
樱红色	770~800	白色	1250~1320
亮樱红色	800~830		

通过观察钢的颜色，就能够知道钢温，但被加热钢料在断面上的温度差的判断是一个问题，所以看火工在判断出钢温以后，要做的就是要观察钢料是否烧透。一般钢料中间段的温度与钢料两端的温度相同时，说明钢料本身的温度已比较均匀，若端部温度高于中间部分温度，说明钢料尚未烧透，需继续加热；若中间段的温度高于端部的温度，则说明炉温有所降低，此时便要警惕发生粘钢现象。有时钢温与炉子的状况有着直接的联系，如料的端头温度过高，多是因为炉子两边温度过高、坯料短尺交错排料时，两头受热面大、加热速度快或炉子下加热负荷过大、下部热量上流、冲刷端头引起的。钢长度方向温度不均，轧制延伸不一致、轧制不好调整，也影响产品质量。端头温度低，轧制进头率低，容易产生设备事故，影响生产，增加燃料、电力消耗。

钢加热下表面温度低或严重的水管"黑印"，轧制时上下延伸不匀容易造成钢的弯曲，同时也影响产品质量。下加热温度低的原因，是下加热供热不足，炉筋水管热损失太大，水管绝热不良，下加热炉门吸入冷风太多或均热时间不够。此时就应采取如下措施：提高下加热的供热量；检查下加热炉门密封情况；观察炉内水管的绝热情况，如有脱落现象发生，在停炉时间进行绝热保护施工，以保证炉筋管的绝热效果。有些加热操作烧"急火"，钢在出炉以前的均热段加热过于集中，炉子是二段制的操作方法，均热段变成了加热段，加热段变成了预热段或热负荷较低的加热。这样，容易造成均热段炉温过高，损坏炉墙炉顶，烧损增加；均热时间短，黑印严重或外软里硬的"硬心"。烧"急火"的原因，是因为产量过高或待轧降温、升温操作不合理，轧机要求高产时，由于加热制度操作不合理没有提前加热，为了满足出钢温度要求或加热因滑道水管造成的黑印，在均热段集中供热，或者因待轧时温度调整过低，开车时为赶快出钢，在出钢前集中供热，使局部温度过高，钢坯透热时间不够，钢坯表面温度高，内部温度偏低，影响轧机生产，使消耗增加。

6.2.2 炉膛温度

在加热炉的操作中，合理地控制加热炉的温度，并且随生产的变化及时地进行调整是加热工必须掌握的一种技巧。一般加热炉的炉温制度是根据坯料的参数、坯料的材质来制定的，而炉膛内的温度分布，预热段、加热段和均热段的温度，又是根据钢的加热特性来制定的。加热时间是根据坯料的规格、炉膛温度的分布情况来确定的。一般对于碳含量较低的加热性能较好的钢种，加热温度就比较高，但随着钢的碳含量的增长，钢对温度的敏感性也增强，钢的加热温度也就越来越低。如何合理对钢料进行加热，怎样组织火焰，并使燃料的消耗降低，就是一个技巧上的问题。

炉温过高，供给炉子的燃料过多，炉体的散热损失增加，同时废气的温度也会增加，出炉烟气的热损失增大、热效率降低、单位热耗增高。炉温过高使炉子的寿命受到影响，同时也容易造成钢的过热、过烧、脱碳等加热缺陷和烧损的增加，还容易把钢烧化、侵蚀炉体、增加清渣的困难，或引起粘钢事故。

对于一个三段连续式加热炉来说，经验的温度控制一般遵循如下的规定：预热段温度不大于780℃；加热段最高温度不大于1350℃；均热段温度不大于1200℃。

炉温控制是与燃料燃烧操作最为密切的，也就是说炉温控制是以增减燃料燃烧量来达到的。当炉温偏高时，应减少燃料的供应量，而炉温偏低时，又应加大燃料供应量，多数加热炉虽然安装有热工仪表，但测温计所指示的温度只是炉内几个点的情况。因此，用肉眼观察炉温仍是非常重要的。

同时，要掌握轧机轧制节奏来调节炉温以适应加热速度。轧机高产时，必须提高炉子的温度，而轧机产量低时，必须降低炉子的温度。这样可以避免炉温过高时产生过烧、熔化及粘钢，炉温过低时出现低温钢等现象。

连续式加热炉同时加热不同钢种的钢坯时，炉温应按加热温度低的加热制度来控制，在加热温度低的钢坯出完后，再按加热温度高的加热制度来控制。当然在装炉原则上，应该尽量避免这种混装现象。

在有下加热的连续式加热炉上，应尽量发挥下加热的作用，这样既能增加产量又能提高加热质量。

总之，炉膛温度达不到工艺要求的原因，大致可以从以下几方面分析：

（1）煤气发热量偏低。

（2）空气换热器烧坏，烟气漏入空气管道。

（3）空气消耗系数过大或过小。

（4）煤气喷嘴被焦油堵塞，致使气流量减少。

（5）煤气换热器堵塞，致使煤气压力下降。

（6）炉前煤气管道积水，致使煤气压力下降。

（7）炉膛内出现负压力。

（8）烧嘴配置能力偏小。

（9）炉内水冷管带走热量大，或炉衬损坏，致使局部热损失大。

（10）煤气或空气预热温度偏低。

6.2.3 炉内气氛

正确地组织燃料燃烧就是保持炉内燃料完全燃烧。燃料入炉后如能立即完全燃烧，将有效地提高炉温，并能增加炉子的生产率，降低燃料单耗，这对满足增产节能两方面的要求有非常重要的意义。

煤气燃烧状况可以用以下方法判断：从炉尾或侧炉门观察火焰，如果火焰长度短而明亮，或看不到明显的火焰，炉内能见度很好，说明空燃比适中，燃料燃烧正常；如火焰暗红无力，火焰拉向炉尾，炉内气氛浑浊，甚至冒黑烟，火焰在烟道中还在燃烧，说明严重缺乏空气，燃料处于不完全燃烧状态；如果火焰相当明亮，噪声过大，可能是空气量过大，但对喷射式烧嘴不能以此判断。

从操作上来讲，正确地组织燃料的燃烧，有很多工作要做，如以前所述对燃料使用性能的了解；对风温、风压的控制都是十分重要的问题；燃烧器的安装、使用、维护保养对燃料燃烧的好坏都有很大的影响。在以上因素合理控制的基础上，燃料与空气的配比是影响燃烧和燃料节约的主要问题。当燃烧较充分完全时，空气与煤气流量比例大致稳定在一数值，这一数值因燃料发热量不同而不同，详见表6-3。

表6-3 不同燃料的空燃比

燃 料	热值（标态）/kJ·m^{-3}	空气过剩系数	煤气量（标态）/m^3	空气量（标态）/m^3	烟气量（标态）/m^3
高炉煤气	3971	1.1	1	0.8	1.66
高焦混合煤气	5016	1.1	1	1.14	1.98
高焦混合煤气	6688	1.1	1	1.61	2.44
高焦混合煤气	8360	1.1	1	2.08	2.89
焦炉煤气	17263	1.1	1	4.6	5.3
天然气	35237	1.1	1	10.45	11.46

煤气燃烧正常与否还可以通过观察仪表进行分析判断。近年来，发展用氧化锆连续测定烟气中的氧含量作为自动控制燃烧的信号，来控制燃料与空气的供给量。而且还可以进行分段控制，用每段各自分析测定烟气中的氧含量为信号，来控制各段的空燃比。当烟气中含氧量在1%~3%时，燃烧正常；含氧量超过3%为过氧燃烧，即供入空气量过多，应在保证供风压力的前提下适量减少鼓风机阀门开度；含氧量小于1%为氧化锆"中毒"反应，说明空气量不足，是欠氧燃烧，应在保证供风压力的前提下适量增大鼓风机阀门开度。当然，氧化锆安装位置不当，取样点不具有代表性，所测得的数据不能作为判断依据。

6.2.4 炉膛压力

炉压的控制是很重要的。炉压大小及分布对炉内火焰形状、温度分布以及炉内气氛等均有影响。炉压制度也是影响钢坯加热速度和加热质量以至燃料利用好坏的重要因素。例如某些炉子加热时由于炉压过高造成烧嘴回火，而不能正常使用。

当炉内为负压时，会从炉门及各种孔洞吸入大量的冷空气，这部分冷空气相当于增加了空气消耗系数，导致烟气量的增加，更为严重的是由于冷空气紧贴在钢坯表面严重恶化了炉气、炉壁对钢的传热条件，降低了钢温和炉温，延长加热时间，同时也大大增加了燃料消耗。据计算，当炉温为1300℃，炉膛压力为 -10Pa 时，直径为 100mm 的孔吸入的冷风可造成 130000kJ/h 的热损失。

当炉内为正压时，将有大量高温气流逸出炉外。这样不仅恶化了劳动环境，使操作困难，而且缩短了炉子寿命，并造成了燃料的大量浪费。当炉压为 +10Pa 时，100mm 直径的孔洞逸气热损失为 380000kJ/h。

加热炉是个密封不严密的设备，吸风、逸气很难避免，但正确的操作可以把这些损失降低到最低程度。为了准确及时掌握和正确控制炉压，现在加热炉上都安装了测压装置，加热工在仪表室内可以随时观察炉压，并根据需要人工或自动调节烟道闸门的开启度，保证炉子在正常压力下工作。

一般连续加热炉吸冷风严重的地方是出料门处，特别是端出料的炉子。因为端出料的炉子炉门位置低，炉门大，加上端部烧嘴的射流作用，大量冷风从此处吸入炉内。

在操作中应以出料端钢性表面为基准面，并确保此处获得 0～10Pa 的压力，这样就可以使钢坯处于炉气包围之中，保证加热质量，减少烧损和节约燃料。此时，炉膛压力约在 10～30Pa 之间，这就是所谓的微正压操作。在保证炉头正压的前提下，应尽量不使炉尾吸冷风或冒火。

当做较大的热负荷调整时，炉膛压力往往会发生变化，这时需及时进行炉压的调整。增大热负荷时，炉压升高，应适当开启烟道闸门；减少热负荷时，废气量减少，炉压下降，则应关闭烟道闸门。

当炉子待轧熄火时，烟道闸门应完全关闭，以保证炉温不会很快降低。

在正确控制炉膛压力的同时，还应特别重视炉体的严密性，特别是下加热炉门。由于炉子的下加热侧炉门及扒渣门是炉膛的最低点，负压最大，吸风量也最多。因此，当下加热炉门不严密或敞开时，会破坏下加热的燃烧。在实际生产中，有些加热炉把所有的侧炉门都假砌死，这对减少吸冷风起到了积极作用。

在生产中往往有一些炉子炉膛压力无法控制，致使整个炉子成正压或负压。究其原因，前者是由于烟道积水或积渣、换热器堵塞严重、有较大的漏风点，造成烟温低，烟道流通面积过小、吸力下降；而后者则是由于烟囱抽力太大。对于炉压过大的情况要查明原因，及时清除铁皮、钢渣并排出积水，并采取措施，堵塞漏风点，而对于炉压过小的情况，可设法缩小烟道截面积，增加烟道阻力。

综上可知，炉压过大的原因大致有以下几方面：

（1）烟道闸门关得过小。

（2）煤气流量过大。

（3）烟道堵塞或有水。

（4）烟道截面积偏小。

（5）烧嘴位置布置不合理，火焰受阻后折向炉门，烧嘴角度不合适，火焰相互干扰。

6.3　加热缺陷的预防和消除方法

钢在加热过程中，往往由于加热操作不好、加热温度控制不当以及加热炉内气氛控制不良等原因，使钢产生各种加热缺陷，严重地影响钢的加热质量，甚至造成大量废品、降低炉子的生产率。因此，必须对加热缺陷及其产生的原因、影响因素以及预防或减少缺陷产生的办法等进行分析和研究，以期改进加热操作，提高加热质量，从而获得加热质量优良的产品。

钢在加热过程中产生的缺陷主要有以下几种：钢的氧化、脱碳、过热、过烧以及加热温度不均匀等。

6.3.1　钢的氧化

钢在加热时受到炉气中 CO_2、H_2O、O_2 和 SO_2 的作用而使钢的表面被氧化而形成氧化铁皮，大约每加热一次就约有 0.5%～3%的钢被氧化成为氧化铁皮（即烧损）。若以年产量为 600kt 钢材的中型轧钢厂计算，则年烧损量为 3000 ~ 18000t，如果使烧损降低 1%，则相当于年增产 6000t 钢材。

氧化不仅导致收得率低，脱落的氧化铁皮堆积在炉底上，特别是实炉底上，会造成耐火砖的侵蚀而使炉子寿命降低。为了清除炉底氧化铁皮，加热工的劳动强度极大，严重时只好停炉清理。氧化铁皮在轧制中若不彻底清除会在轧后成品上形成麻点缺陷，损害了成品的表面质量。有时，为了轧前清除氧化铁皮又不得不增加一道工序，使成本增加。

此外，氧化铁皮的导热系数比金属低很多，这就恶化了钢坯的传热条件，从而使炉子产量降低，燃耗增高。总之，氧化铁皮有百害而无一利，在加热过程中应使其尽量减少。

6.3.1.1 氧化铁皮的生成

钢在常温下的生锈就是氧化的结果，在低温条件下氧化速度非常慢。当温度达到 200 ~ 300℃时，就会在钢的表面生成薄薄的一层氧化铁皮。温度继续升高，氧化的速度也随之加快，当温度达到 1000℃ 以上时，氧化开始剧烈进行，当温度达到 1300℃ 以后时，氧化铁皮就开始熔化，这时的氧化速度更为剧烈。如果 900℃ 时的烧损量作为 1，则 1000℃ 时为 2，1100℃ 时就是 3.5，到 1300℃ 时则为 7。

钢的氧化是炉气中氧化性气体(O_2、CO_2、H_2O、SO_2)和钢的表面进行化学反应的结果。根据氧化程度的不同，氧化时生成了几种不同程度的铁的氧化物——Fe_2O_3、Fe_3O_4、FeO。

铁的氧化反应方程式如下：

O₂

$$Fe + \frac{1}{2}O_2 \rlap{=\!=} \quad FeO$$

$$3FeO + \frac{1}{2}O_2 \rlap{=\!=} \quad Fe_3O_4$$

$$2Fe_3O_4 + \frac{1}{2}O_2 \rlap{=\!=} \quad 3Fe_2O_3$$

H₂O

$$Fe + H_2O \rlap{=\!=} \quad FeO + H_2$$

$$3FeO + H_2O \rlap{=\!=} \quad Fe_3O_4 + H_2$$

$$3Fe + 4H_2O \rlap{=\!=} \quad Fe_3O_4 + 4H_2$$

CO₂

$$Fe + CO_2 \rlap{=\!=} \quad FeO + CO$$

SO₂

$$3Fe + SO_2 \rlap{=\!=} \quad FeS + 2FeO$$

$$3FeO + CO_2 \rlap{=\!=} \quad Fe_3O_4 + CO$$

$$3Fe + 4CO_2 \rlap{=\!=} \quad Fe_3O_4 + 4CO$$

　　钢的氧化过程不仅仅是化学过程，而且还是物理过程（即扩散过程）。首先是炉气中的氧在钢的表面被吸附后便发生以上的化学反应。而开始生成薄薄一层氧化铁皮层，以后继续氧化，则是铁和氧的原子（分子）透过已生成的氧化物薄层向相反的方向互相扩散，并发生化学反应的结果。在一个方向上，是氧原子透过已生成的氧化物层向钢的内部扩散。在另一个方向上则是铁的离子（原子）由钢的内部透过已形成的氧化物层向外部扩散。当两种元素在相互扩散中相遇时，便发生化学反应而生成铁的氧化物。内层因为铁离子浓度大于氧原子浓度因而生成低价氧化铁，最外层为高价氧化铁，如图 6-2 所示。它表明了氧化铁皮结构分层的情况。

　　由图 6-2 中可以大致看出各层所占的比例，实验结果指出：Fe_2O_3 占 10%，Fe_3O_4 占 50%，FeO 占 40%，这样的氧化铁皮其熔点约为 1300~1350℃，相应的纯物质的熔点：FeO 为

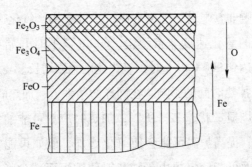

图 6-2 氧化铁皮结构示意图

1377℃，Fe_3O_4 为 1538℃，Fe_2O_3 为 1565℃。

氧化烧损层的厚度有以下关系：

$$\delta = \frac{a}{\rho g}$$

式中　δ——氧化铁皮的厚度，m；

　　　a——钢的表面烧损量，kg/m^2；

　　　ρ——氧化铁皮的密度，计算时可按 $\rho = 3900 \sim 4000kg/m^3$ 选取；

　　　g——氧化铁皮中铁的平均含量，它的范围为 $0.715 \sim 0.765kg/kg$。

6.3.1.2　影响氧化的因素

影响氧化的因素有：加热温度、加热时间、炉气成分、钢的成分，这些因素中炉气成分、加热温度、钢的成分对氧化速度有较大的影响，而加热时间主要影响钢的烧损量。

（1）加热温度的影响。因为氧化是一种扩散过程，所以温度的影响非常显著，温度愈高，扩散愈快，氧化速度愈快。常温下钢的氧化速度非常缓慢，600℃以上时开始有显著变化，钢温达到900℃以上时，氧化速度急剧增长。

（2）加热时间的影响。在同样的条件下，加热时间越长，钢的氧化烧损量就越多。所以，加热时应尽可能缩短加热时间。例如，提高炉温可能会使氧化增加，但如果能实现快速加热，反而可能使烧损由于加热时间缩短而减少。又如钢的相对表面越大，烧损也越大，但如果由于受热面积增大而使加热时间缩短，也可能反而使氧化铁皮减少。

（3）炉气成分的影响。火焰炉炉气成分对氧化的影响是很大的，炉气成分决定于燃料成分、空气消耗系数 n、完全燃烧程度等。

按照对钢氧化的程度可将炉气分为氧化性气氛、中性气氛、还原性气氛，炉气中属于氧化性的气体有 O_2、CO_2、H_2O 及 SO_2，属于还原性的气体有 CO、H_2 及 CH_4，属于中性的气体有 N_2。

加热炉中燃料燃烧生成物常是氧化性气氛，在燃烧生成物中保持 2% ~3% CO 对减少氧化作用不大，因为燃料燃烧不完全，炉温降低，将使加热时间延长而使氧化量增加。由于钢与炉气的氧化还原反应是可逆的，因此，炉内气氛的影响主要取决于氧化性气体与还原性气体之比。如果在炉内设法控制炉气成分，使反应逆向进行，就可以使钢在加热过程中不被氧化或少氧化。

当燃料中含 S 或 H_2S 时，燃烧后会产生 SO_2 气体或极少

量 H_2S 气体，它们与 FeO 作用后生成低熔点的 FeS，熔点为 1190℃，这会使钢的氧化速度急剧增大，同时生成的氧化铁皮更加容易熔化，这都大大加剧了氧化的进行。

（4）钢的成分的影响。对于碳素钢随其碳含量的增加，钢的烧损量有所下降，这很可能是由于钢中的碳氧化后，部分生成 CO 而阻止了氧化性气体向钢内扩散的结果。

合金元素如 Cr、Ni 等，它们极易被氧化成为相应的氧化物，但是由于它们生成的氧化物薄层组织结构十分致密又很稳定，因而这一薄层的氧化膜就起到了防止钢的内部基体免遭再氧化的作用。耐热钢之所以能够抵抗高温下的氧化，就是利用了它们能生成致密而且机械强度很好又不易脱落的氧化薄膜，比如铬钢、铬镍钢、铬硅钢等都具有很好的抗高温氧化的性能。

6.3.1.3 减少钢氧化的方法

操作上可以采取以下方法减少氧化铁皮：

（1）保证钢的加热温度不超过规程的规定温度。

（2）采取高温短烧的方法，提高炉温，并使炉子高温区前移并变短，缩短钢在高温中的加热时间。

（3）保证煤气燃烧的情况下，使过剩空气量达最小值，尽量减少燃料中的水分与硫含量。

（4）保证炉子微正压操作，防止吸入冷风贴附在钢坯表面，增加氧化。

（5）待轧时要及时调整热负荷和炉压，降低炉温，关闭闸门，并使炉内气氛为弱还原性气氛，以免进一步氧化。

6.3.2 钢的脱碳

钢在加热时，在生成氧化铁皮的基础上，由于高温炉气的存在和扩散的作用，未氧化的钢表面层中的碳原子向外扩散，炉气中的氧原子也透过氧化铁皮向里扩散，当两种扩散会合时，碳原子被烧掉，由此导致未氧化的钢表面层中化学成分贫碳的现象称为脱碳。脱碳后的钢机械强度（尤其是硬度）大为降低。比如，高碳工具钢就是依靠钢中的碳而具有足够的硬度，如果表面脱碳则其硬度会大大降低，甚至成为废品。

在合金钢中，除不锈钢外大多数是高碳钢，只有电工硅钢希望减少轧制时的脆性而允许部分脱碳外，其他钢种发生脱碳均被认为是钢的缺陷，特别是工具钢、滚珠轴承钢、弹簧钢等都是不允许发生脱碳的钢，严重脱碳则被认为是废品。脱碳严重的钢不仅硬度大为降低，脱碳后其抗疲劳强度也降低（弹簧钢就如此），若是需淬火的钢则达不到要求，同时还容易出现裂纹等等。

在工件加工时，为了清除钢的脱碳层就必须增加额外加工量和金属消耗量，从而加大产品的成本。因此，在防止氧化的同时还应当注意防止和减少钢的脱碳发生。

6.3.2.1 钢的脱碳过程

钢的脱碳过程也就是炉气中的 H_2O、CO_2、O_2、H_2 和钢

中的 Fe_3C 进行反应的过程，这些反应式为：

$$Fe_3C + H_2O = 3Fe + CO + H_2$$

$$Fe_3C + CO_2 = 3Fe + 2CO$$

$$2Fe_3C + O_2 = 6Fe + 2CO$$

$$Fe_3C + 2H_2 = 3Fe + CH_4$$

炉气中以 H_2O 的脱碳能力最强，其余依次是 CO_2、O_2、H_2，反应生成的气相产物（CO、H_2、CH_4）不断向外扩散而使脱碳反应得以不断延续。

在高温下脱碳和氧化是同时进行的，并且脱碳往往先于氧化，但氧化生成铁皮后阻止了脱碳时生成的气相产物的向外扩散，所以氧化后的钢，脱碳的速度也就减慢了，当钢的表面生成致密的氧化铁皮层时，则可阻止脱碳的发生。同时，脱碳层深度除了与加热温度和加热时间有关外，还与炉气成分有关。

6.3.2.2 影响脱碳的因素及防止脱碳的方法

和氧化一样，影响脱碳的主要因素有温度、时间、气氛，此外钢的化学成分对脱碳也有一定的影响。下面说明这些因素对脱碳的影响以及减少脱碳的措施。

A 影响脱碳的因素

（1）加热温度对脱碳的影响。加热温度对金属可见脱碳层厚度的影响，因不同金属其影响也有所不同，一些钢种随加热温度升高，可见脱碳层厚度显著增加，另有一些钢种随着温度的升高，脱碳层厚度增加，加热温度到一定值后，随着温度的升高，可见脱碳层厚度不仅不增加，反而减小。

（2）加热时间对脱碳的影响。加热时间愈长，可见脱碳层厚度愈大。所以，缩短加热时间，特别是缩短金属表面已达到较高温度后在炉内的停留时间，达到快速加热，是减少金属脱碳的有效措施。

（3）炉内气氛对脱碳的影响。气氛对脱碳的影响是根本性的，炉内气氛中 H_2O、CO_2、O_2 和 H_2 均能引起脱碳，而 CO 和 CH_4 却能使钢增碳。实践证明，为了减少可见脱碳层厚度，在强氧化气氛中加热是有利的，这是因为铁的氧化将超过碳的氧化，因而可减少可见脱碳层厚度。

（4）钢的化学成分对脱碳的影响。钢中的碳含量越高，加热时越容易脱碳，若钢中含有铝（Al）、钨（W）等元素时，则脱碳增加；若钢中含有铬（Cr）、锰（Mn）等元素时，则脱碳减少。

B 防止脱碳的方法

防止脱碳的主要方法有如下三种：

（1）对于脱碳速度始终大于氧化速度的钢种，应尽量采取较低的加热温度；对于在高温时氧化速度大于脱碳速度的钢，既可以低温加热又可以高温加热，因为这时氧化速度快，脱碳层反而薄。

（2）应尽可能采用快速加热的方法，特别是易脱碳的钢，应避免在高温下长时间加热。

（3）由于一般情况下火焰炉炉气都有较强的脱碳能力，即使是空气过剩系数为 0.5 的还原性气氛中，也难免产生脱碳。因此，最好的方法只能根据钢的成分要求、气体来源、经济性及要求等，选用合适的保护性气体加热。在无此条件的情况下，炉子最好控制在中性或氧化性气氛，可得到较薄的脱碳层。

6.3.3 钢的过热与过烧

6.3.3.1 钢的过热

如果钢加热温度过高，而且在高温下停留时间过长，钢内部的晶粒增长过大，晶粒之间的结合能力减弱，钢的力学性能显著降低，这种现象称为钢的过热。过热的钢在轧制时极易发生裂纹，特别是坯料的棱角、端头尤为显著。

产生过热的直接原因，一般是由于加热温度偏高和待轧保温时间过长引起的。因此，为了避免产生过热的缺陷，必须按钢种对加热温度和加热时间，尤其是高温下的加热时间，加以严格控制，并且应适当减少炉内的过剩空气量，当轧机发生故障、长时间待轧时，必须将炉温降低。

过热的钢可以采用正火或退火的办法来补救，使其恢复到原来的状态再重新加热进行轧制，但是，这样会增加成本并影响产量，所以，应尽量避免产生钢的过热。

6.3.3.2 钢的过烧

如果钢加热温度过高、时间又长，使钢的晶粒之间的边界开始熔化，有氧渗入，并在晶粒间氧化，这样就失去了晶粒间的结合力，失去其本身的强度和可塑性，在钢轧制时或出炉受震动时，就会断为数段或裂成小块脱落，或者表面形成粗大的裂纹，这种现象称为钢的过烧。

过烧的钢无法挽救，只好报废，回炉重炼。生产中有局部过烧，这时可切掉过烧部分，其余部分可重新加热轧制。

6.3.3.3　过热和过烧的预防

过热、过烧事故的发生往往是因为：

（1）急火追产量时，由于生产中事故较多，班内轧钢产量较低，为了追产量，强化加热，加热段内炉温过高，造成事故。

（2）停机待轧时间较长，炉子保温压火时间较长，炉温掌握不好就会发生过热、过烧事故。

（3）加热特殊钢种时，没按该钢种的加热工艺要求去做，如均热段的炉温过高或加热时间过长等，均能造成过热、过烧事故发生。

（4）由于加热工懒惰、责任心不强或由于热检测元件损坏没有被发现，致使仪表显示失真，又没有注意"三勤"操作，就有可能发生过热、过烧等事故。

过热、过烧事故的预防，应注意以下几点：

（1）注意均衡生产，不追急火和产量。

（2）注意根据待轧时间处理炉子的保温和压火，即应遵守停机待轧时的炉子热工制度。

（3）加热特殊钢种时，首先熟悉其加热工艺要求，并在生产中严格掌握。

（4）注意"三勤"操作，克服懒惰，增强责任心，随时检查，随时联系，随时调整以免事故发生。

6.3.4 粘钢

由于操作不慎，可能出现表面烧化现象，表面温度已经很高，使氧化铁皮熔化，如果时间过长，便容易发生过热或过烧。

6.3.4.1 产生粘钢的后果

表面烧化了的钢容易烧结，黏结严重的钢出炉后分不开，不能轧制，只能报废。因此，表面烧化的钢出炉时要格外小心，表面烧化过多，容易使皮下气孔暴露，从而使气孔内壁氧化，轧制后不能密合，因此发生开裂。

6.3.4.2 产生粘钢的原因

一般情况下，产生粘钢的原因有三个：

（1）加热温度过高使钢表面熔化，而后温度又降低。

（2）在一定的推钢压力条件下，高温长时间加热。

（3）氧化铁皮熔化后黏结。

当加热温度达到或超过氧化铁皮的熔化温度（1300 ~ 1350℃）时，氧化铁皮开始熔化，并流入钢料与钢料之间的缝隙中，当钢料从加热段进入均热段时，由于温度降低，氧化铁皮凝固，便产生了粘钢。此外，粘钢还与钢种及钢坯的表面状态有关。一般酸洗钢容易发生粘钢，易切钢不易发生粘钢。钢坯的剪口处容易发生粘钢。

6.3.4.3 产生粘钢的处理方法

发生粘钢后，如果粘的不多，应当采用快拉的方法把粘住的钢尽快拉开，但切不可用关闭烧嘴或减少风量等方法降温，因为降低温度使氧化铁皮凝固，反而使粘钢更为严重。一般情况下，应当在处理完粘住的钢之后，再调整炉温。如果粘钢严重，尤其是两个以上的钢坯之间发生粘钢，需用一定重量的撬棍在粘钢处进行多次冲击，方能撬开。

6.3.4.4 产生粘钢的预防措施

防止表面烧化(粘钢)的措施，主要是控制加热温度不能过高，在高温下的时间不能过长，火焰不直接烧到钢上。

6.3.5 钢的加热温度不均匀

6.3.5.1 钢的加热温度不均匀（钢温不均）的表现及原因

如果钢坯的各部分都同样地加热到规程规定的温度，那么钢的温度就均匀了。这时轧制所耗电力小，并且轧制过程容易进行。但要达到钢温完全一致是不可能的，只要钢坯表面温度和最低部分温度差不超过50℃，就可以认为是加热均匀了。

钢温不均通常表现为：

（1）内外温度不均匀。内外温度不均匀表现为坯料表面已达到或超过了加热温度，而中心还远远没有达到加热温度，即表面温度高，中心温度低，这主要是高温段加热速度太快和均热时间太短造成的。内外温度不均匀的坯料，在轧制时其延伸系数也不一样，有时在轧制初期还看不出来，但经过轧制几个道次之后，钢温就明显降低，甚至颜色变黑、钢性变硬，如果继续轧制就有可能轧裂或者发生断辊现象。

（2）上下面温度不均匀。上下面温度不均匀，经常都是下面温度较低，这是由于炉底管的吸热及遮蔽作用，钢坯下表面加热条件较差所致。同时，由于操作不当及下加热能力不足，也会造成上下加热面钢温不均。

上加热面的温度高于下加热面的钢坯，在轧制时，由于上表面延伸好，轧件将向下弯曲，极易缠辊或穿入辊道间隙，甚至造成重大事故；上加热面温度低于下加热面温度时，轧件向上弯曲，轧件不易咬入，给轧制带来很大困难。

（3）钢坯沿长度方向温度不均。钢坯沿长度方向温度不均，常表现为：

1）坯料两端温度高，中间温度低，尤其对较宽的炉子更易出现这种现象。这主要是由于炉型结构的原因，坯料两端头在炉中的受热条件最好。

2）两端温度低，中间温度高。这主要是炉子封闭不严，炉内负压吸入冷风使坯料端头冷却所致。

3）一端温度高，一端温度低。一般在长短料偏装或沿宽度方向上炉温不均时易出现。

4）在有水冷滑道管的连续式炉内，在钢坯与滑道相接触的部位一般温度都较低，而且有明显的水冷黑印。水冷黑印常造成板带钢厚度不均，影响产品质量。

6.3.5.2 避免钢坯加热温度不均的措施

对于中心与表面温差大的硬心钢，应适当降低加热速度或相应延长均热时间，以减小温差。

钢的上下表面温差太大时，应及时提高上或下加热炉炉膛温度，或延长均热时间，以改变钢温的均匀性。但应注意，并非所有的炉子都是这样，应根据具体情况采取相应措施。

避免钢在长度方向上加热温度不均匀的措施是适当调整烧嘴的开启度，特别是采用轴向烧嘴的炉子，以保证在炉子宽度方向炉温分布均匀；同时，还要注意调整炉膛压力，保证微正压操作，做好炉体密封，防止炉内吸入冷空气。

钢的加热温度不均不仅给轧制带来困难，而且对产品质量影响极大。因此，生产中必须尽可能地减少加热温度的不均匀性。

6.3.6 加热裂纹

加热裂纹分为表面裂纹和内部裂纹两种。

6.3.6.1 表面裂纹

钢加热中的表面裂纹往往是由于原料表面缺陷（如皮下气泡、夹杂、裂纹等）消除不彻底造成的。原料的表面缺陷在加热时受温度应力的作用发展为可见的表面裂纹，在轧制时则扩大成为产品表面的缺陷。此外，过热也会产生表面裂纹。

6.3.6.2 内部裂纹

加热中的内部裂纹则是由于加热速度过快以及装炉温度过高造成的。尤其是高碳钢和合金钢的加热，因为这些钢的导热性都较差，在装炉温度过高加热过快的条件下，由于内外温差悬殊造成温度应力过大，致使被加热的钢坯内部不均匀膨胀而产生内部裂纹，因此在加热高碳钢及合金钢时，应严格控制加热速度及炉尾温度，以防止内部裂纹的产生。

炉体耐火材料的技术性能

砌筑加热炉广泛使用各种耐火材料和绝热材料。耐火材料的合理选择、正确使用是保证加热炉的砌筑质量、提高炉子的使用寿命、减少炉子热能损耗的前提。耐火材料的种类繁多，了解各种耐火材料的性能、使用要求及方法是正确使用耐火材料的必要条件。

7.1 炉体耐火材料的性能要求

砌筑加热炉的耐火材料应满足以下要求：

（1）具有一定的耐火度。即在高温条件下使用时，不软化不熔融。各国均规定：耐火度高于1580℃的材料才能称为耐火材料。

（2）在高温下具有一定的结构强度，能够承受规定的建筑荷重和工作中产生的应力。

（3）在高温下长期使用时，体积保持稳定，不会产生过大的膨胀应力和收缩裂缝。

（4）温度急剧变化时，不会迸裂破坏。

（5）对熔融金属、炉渣、氧化铁皮、炉衬等的侵蚀有一定的抵抗能力。

（6）具有较好的耐磨性及抗震性能。

（7）外形整齐，尺寸精确，公差不超过要求。

以上是对耐火材料总的要求。事实上，目前尚无一种耐火材料能同时满足上述要求，这一点必须给予充分的注意。选择耐火材料时，应根据具体的使用条件，对耐火材料的要求确定出主次顺序。

7.2 耐火材料的性能

耐火材料的性能包括物理性能和工作性能两个方面。物理性能如体积密度、气孔率、导热系数、真密度、热膨胀性等往往能够反映材料制造工艺的水平，并直接影响着耐火材料的工作性能。耐火材料的工作性能是指材料在使用过程中表现出来的性能，主要包括耐火度、高温结构强度、高温体积稳定性、抗热震性等，耐火材料的工作性能取决于耐火材料的化学矿物组成及其制造工艺。

7.2.1 耐火材料的物理性能

7.2.1.1 体积密度

耐火材料的体积密度指的是单位体积（包括全部气孔在内）的耐火材料的质量，常用单位为 g/cm^3 或 kg/m^3。

7.2.1.2 气孔率

因制造工艺局限性，耐火材料中总存在着一些大小不同、形状各异的气孔。耐火材料中所有气孔的体积与材料总体积的比值就称为耐火材料的气孔率。

耐火材料的气孔按其状态分为开口气孔、闭口气孔和贯通气孔三种。其中一端封闭，另一端与大气相通的气孔称为开口气孔；被封闭在材料内部与外界隔绝的气孔称为闭口气孔；贯穿材料内部，两端均与大气相通的气孔称为贯通气孔。开口气孔和贯通气孔合称显气孔。

设 V_1、V_2、V_3 分别代表耐火材料中开口气孔、闭口气孔、贯通气孔的体积，V 代表耐火材料的总体积，显然

$$气体的气孔率 = \frac{V_1 + V_2 + V_3}{V} \times 100\%$$

$$显气孔率 = \frac{V_1 + V_3}{V} \times 100\%$$

$$闭气孔率 = \frac{V_2}{V} \times 100\%$$

除特别表明者外，我国有关耐火材料文献、资料中的气孔率通常是指显气孔率。

7.2.1.3 真密度

耐火材料的真密度是指不包含气孔在内，单位体积耐火材料的质量，单位为 kg/m^3。

体积密度、气孔率、真密度这些指标反映了耐火材料的致密程度，是评定耐火制品质量的重要指标之一。耐火材料的这些指标直接影响着耐火制品的耐压强度、耐磨性、抗渣性、导热性等。

7.2.1.4 热膨胀性

耐火材料的长度和体积随温度升高而增大的性质，称为耐火材料的热膨胀性。耐火材料的热膨胀是一种可逆变化，即受热后膨胀，冷却后收缩。

耐火材料的热膨胀性一般用线膨胀百分率表示。

$$\beta = \frac{l_t - l_0}{l_0} \times 100\%$$

式中　l_t，l_0——分别为 $t℃$ 和 $0℃$ 时的试样长度。

7.2.2 耐火材料的工作性能

7.2.2.1 耐火度

耐火材料在高温状态下抵抗熔化和软化的性能称为耐火度。它是衡量耐火材料承受高温能力的基本尺度，是表征耐火材料耐高温性能的一项基本技术指标。

耐火度与材料熔点的意义不同。熔点是纯物质熔化时的温度，是一个确定的温度。由于耐火材料由多种矿物组成，在一定温度范围内熔融软化，故耐火材料的耐火度是指由这种耐火材料特制而成的耐火三角锥受热后软化到一定程度时的温度。耐火度的测定如图7-1所示。

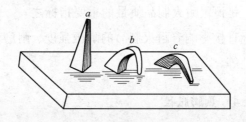

图7-1 耐火度的测定

a—软倒前；b—在耐火温度下软倒情况；c—超过耐火度时软倒情况

耐火材料的耐火度愈高，表明材料的耐高温性质愈好。耐火材料实际使用温度应低于耐火度。

7.2.2.2 高温结构强度

加热炉中的耐火材料都是在一定的负荷下工作的，故要求其必须具有一定的抗负荷能力。耐火材料在高温下承受压力、抵抗变形的能力称为耐火材料的高温结构强度。耐火材料的高温结构强度通常用荷重软化点作为评定的指标。所谓荷重软化点，是指耐火材料在一定的压力(0.02MPa)下，以一定的升温速度加热，当材料开始变形、达到4%及40%的软化变形时对应的温度，分别称为荷重软化开始温度、4%、40%时的荷重软化温度。

各种耐火材料的荷重软化开始点是不一样的。一般常用耐火黏土砖的荷重软化开始点为1550℃。耐火材料的使用温度不能超过其荷重软化开始温度。

7.2.2.3　高温体积稳定性

耐火材料在高温及长期使用的情况下，应保持一定的体积稳定性。这种体积的变化不是指一般的热胀冷缩，而是指耐火材料在烧制时，由于其内部组织未完全转化，在使用过程中内部组织结构会继续变化而引起的不可逆的体积变化。

在工程上，耐火制品的高温体积稳定性一般用无荷重条件下材料的重烧体积变化率或重烧线变化率表示。

$$\Delta V = \frac{V_2 - V_1}{V_1} \times 100\%$$

$$\Delta l = \frac{l_2 - l_1}{l_1} \times 100\%$$

一般耐火制品允许的残余收缩或残余膨胀不超过 1%。

7.2.2.4　抗热震性

耐火材料抵抗温度急剧变化而不致破裂和剥落的能力称为抗热震性，又称耐热剥落性和耐热崩裂性。在炉子的操作过程中，如炉门开启时冷空气进入炉膛、台车式炉出炉时炉底空冷等，都会使耐火材料的温度处于波动之中，如果耐火材料没有足够的抗热震性，就会过早地损坏。

耐火材料的抗热震性主要取决于其热膨胀性、导热性、抗张强度、弹性模量等性质，与材料的组织结构、形状尺寸等也有关系。一般而言，热膨胀系数小、导热系数大、抗张强度高和弹性模量较低且在温度急变范围内无晶型转化的材料，具有较好的抗热震性。就同种材料而言，形状简单、尺寸较小的材料具有较好的抗热震性。

耐火材料抗热震性的指标可以用试验来测定。目前，采用的标准方法是将耐火材料试样加热至 850℃，然后在流动水中冷却，如此反复加热、冷却，直至试样的脱落部分质量为原质量的 20% 为止，以所经受的反复加热、冷却的次数作为该材料的抗热震性指标。

7.2.2.5 化学稳定性

耐火材料在高温下抵抗熔融金属、物料、炉渣、熔融炉尘等侵蚀作用的能力称为耐火材料的化学稳定性。这一指标通常也用抗渣性来表示。对轧钢加热炉而言，经常遇到的是熔融氧化铁皮对耐火材料的侵蚀，在某些热处理炉中还存在炉内气氛对耐火材料的侵蚀。熔渣对耐火材料的侵蚀可能同时发生的三种作用：化学侵蚀、物理溶解和机械冲刷等。根据对不同炉渣侵蚀的抵抗作用，耐火材料分为：

（1）酸性耐火材料。能抵抗酸性炉渣的侵蚀作用。

（2）碱性耐火材料。能抵抗碱性炉渣的侵蚀作用。

（3）中性耐火材料。对碱性炉渣和酸性炉渣的侵蚀均有较强的抵抗作用。

影响耐火材料化学稳定性的因素很多，很难通过试验测出准确结果。

7.2.2.6 耐火材料的外观

耐火材料按其外观分为块状(耐火制品)和不定形耐火制品。块状耐火制品根据其外形和尺寸又分为普通型砖、标准型砖、异型砖和特型砖。块状耐火制品不允许有裂纹、铁斑、熔洞、结瘤、黑心、裂缝、缺棱和缺角、扭曲、鼓胀和尺寸偏差等外观缺陷,这些外观缺陷不但影响耐火制品的品质,而且还会影响炉子的砌筑质量,进而影响到炉子的使用寿命。

耐火制品的外观缺陷主要是在生产过程中形成的。此外,在装卸、运输、储存、保管过程中也可产生。

7.2.3 加热炉中耐火制品常见的损毁形式

加热炉中耐火材料常见的损毁形式见表7-1。

表7-1 耐火材料常见的损毁形式

类 型	产生原因	说 明
熔失 (熔渣侵蚀)	熔渣等与耐火材料发生反应生成低熔点物质,当这些物质熔融流失时,使耐火材料熔失	主要损坏形式之一
气损	与气体接触的耐火材料发生化学变化,造成耐火材料侵蚀和破坏	在特定的气氛和特殊的温度区域产生
磨损	与装入的物料、气流、装料设备等发生机械摩擦而使耐火材料产生磨损	多数情况下和侵蚀一起发生

类型		产生原因	说明
剥裂	热剥裂	耐火材料受急冷急热时，由于表面和内部的膨胀差产生应变，从而造成耐火材料表面剥落	耐火材料种类不同，发生热剥裂的温度范围不一样
	机械剥裂	随着温度的升高，由于热膨胀等原因，耐火材料结构体局部受到大的压力造成的耐火材料的剥裂	易被误认为热剥裂，又称"挤裂"
	结构剥裂	与加热面接触的熔渣、粉尘、气体等侵入耐火材料，使耐火材料表面层发生变质引起剥裂	最普通的一种损坏形式，一般一层一层剥落，碱性耐火材料易发生
永久收缩		耐火材料因长时间受热而收缩，砖缝裂开，引起拱砖脱落	可通过外部冷却降低此类损坏
软化损伤		因受热使耐火材料的压缩强度降低，耐火砖被压坏，造成炉壁倒塌	改进炉体结构可减少此类损坏
可逆膨胀		由于耐火材料发生可逆热膨胀，使结构体龟裂、凸出或破坏	通过留较大的膨胀缝可避免

7.3　常用块状耐火制品

　　加热炉及热处理炉常用的耐火砖有黏土砖、高铝砖、硅砖、镁砖和碳化硅质制品等。

7.3.1　黏土砖

　　黏土砖是生产量最多、使用最广泛的耐火材料，属于硅酸铝质，以 Al_2O_3 及 SiO_2 为其基本化学组成，制作原料为耐火黏土和高岭土。

根据 Al_2O_3 及 SiO_2 含量比例的不同,黏土类耐火材料分为三种:半硅砖($Al_2O_3$15% ~ 30%)、黏土砖($Al_2O_3$30% ~ 48%)和高铝砖(Al_2O_3 >48%)。

黏土砖的耐火度一般为 1580 ~ 1750℃,随着 Al_2O_3 含量的增加,黏土砖的耐火度提高。

黏土砖属于弱酸性耐火材料,在高温下容易被碱性炉渣所侵蚀。

黏土砖的荷重软化开始点温度很低,只有 1250 ~ 1300℃,而且其荷重软化开始温度和终了温度(即 40% 变形温度)的间隔很大,约为 200 ~ 250℃。

黏土砖有良好的抗热震性能,在850℃水冷次数可达10 ~ 25 次。其膨胀系数、导热系数、热容量均小于其他耐火材料。

黏土砖在高温下出现再结晶现象,使砖的体积缩小。同时产生液相,由于液相表面张力的作用,使固体颗粒相互靠近,气孔率低,使砖的体积缩小,因此黏土砖在高温下有残存收缩的性质。

黏土砖表面为黄棕色(Fe_2O_3 的含量愈多,颜色愈深),表面有黑点。

由于黏土砖化学组成的波动范围较大,生产方法不同,烧成温度的差异,各类黏土砖的性质变化较大。普通黏土砖根据组成中 Al_2O_3 含量的多少分为(NZ)—40、(NZ)—35、(NZ)—30 三种牌号。

我国耐火黏土资源极为丰富、质量好、价格便宜,被广泛应用于砌筑各种加热炉和热处理炉的炉体、烟道、烟囱、余热利用装置和烧嘴等。

7.3.2　高铝砖

高铝砖是含 Al_2O_3 48% 以上的硅酸铝质制品。按照矿物组成的不同，高铝质制品分为刚玉质（95% 以上的 Al_2O_3）、莫来石质（$3Al_2O_3 \cdot 2SiO_2$）及硅线石质（$Al_2O_3 \cdot SiO_2$）三大类，工业上大量应用的是莫来石质和硅线石质的高铝砖。

高铝砖的耐火度比黏土砖和半硅砖的耐火度都要高，达到 1750～1790℃，属于高级耐火材料。高铝制品中 Al_2O_3 含量高，杂质量少，形成易熔的玻璃体少，所以荷重软化温度比黏土砖高，但因莫来石结晶未形成网状组织，故荷重软化温度仍没有硅砖高，只是抗热震性比黏土砖稍低。由于高铝砖的主要成分是 Al_2O_3，接近于中性耐火材料，对酸性、碱性炉渣和氧化铁皮的侵蚀均有一定的抵抗能力。高铝砖在高温下也会发生残存收缩。随着 Al_2O_3 含量的不同，普通高铝砖分为三种牌号：（LZ）—65、（LZ）—55、（LZ）—48。

高铝砖常用来砌筑均热炉的吊顶、炉顶、下部炉墙，连续加热炉的炉底、炉墙、烧嘴砖、吊顶等。另外，高铝砖也可用来砌筑蓄热室的格子砖。

7.3.3　硅砖

硅砖是 SiO_2 含量在 93% 以上的硅质耐火材料。由于 SiO_2 在烧成过程中发生复杂的晶型转变，体积发生变化，因此硅砖的制造技术和使用性能与 SiO_2 的晶型转变有着密切的关系。在使用中通常通过测量其真密度的数值，判断烧成过程中晶型转变的完全程度。真密度越小，表明转化越完全，在使用时的体积稳定性就越好。普通硅砖的真密度在 $2.4g/cm^3$ 以下。

硅砖属于酸性耐火材料，对酸性渣的抵抗能力强，对碱性渣的抵抗力较差，但对氧化铁有一定的抵抗能力。硅砖的荷重软化开始温度较其他几种常用砖都高，为 $1620 \sim 1660℃$，接近于其耐火度($1690 \sim 1730℃$)，这一特点允许硅砖可用于砌筑高温炉的拱顶。硅砖的抗热震性不好，在 $850℃$ 的水冷次数只有 $1 \sim 2$ 次，因此不宜用在温度有剧烈变化的地方和周期工作的炉子上。

硅砖在 $200 \sim 300℃$ 和 $575℃$ 时有晶型转变，体积会骤然膨胀，故烘炉时在 $600℃$ 以下升温时不能太快，否则会有破裂的危险。同样，在冷却至 $600℃$ 以下时，也应避免剧烈的温度变化。

硅砖是酸性冶炼设备主要的砌筑材料，在加热炉上一般用来砌筑炉子的拱顶和炉墙，尤其是拱顶。此外，硅砖也用来砌筑蓄热室上层的格子砖。

7.3.4 镁砖

镁砖是含 MgO 在 $80\% \sim 85\%$ 以上，以方镁石为主要矿物组成的耐火材料。

镁砖按其生产工艺的不同，分为烧结镁砖和化合镁砖两类。化合镁砖的强度较低，性能不如烧结镁砖，但价格便宜。

镁砖属于碱性耐火材料，对碱性渣有较强的抵抗作用，但不耐酸性渣的侵蚀，在 1600℃ 高温下，与硅砖、黏土砖甚至高铝砖接触都能起反应，故使用时必须注意不要和硅砖等混砌。镁砖的耐火度在 2000℃ 以上，但其荷重软化开始温度只有 1500~1550℃。镁砖的抗热震性较差，只能承受水冷2~3 次，这是镁砖损坏的一个重要原因。镁砖的热膨胀系数大，故砌砖过程中，应留足够的膨胀缝。

煅烧不透的镁砖会因水化造成体积膨胀，使镁砖产生裂纹或剥落。因此，镁砖在储存过程中必须注意防潮。

镁砖在冶金工业中应用很广，加热炉和均热炉的炉底表面层及均热炉的炉墙下部都用镁砖铺筑。镁砖和硅砖一样，不能用于温度波动激烈的地方，用镁砖砌筑的炉子在操作过程中应注意保持炉温的稳定。

7.3.5　碳化硅质耐火材料

碳化硅质耐火材料是以碳化硅为主要原料制得的耐火材料。根据其制品结合相的性质，碳化硅质耐火材料分为三类：氧化物结合碳化硅制品、直接结合碳化硅制品和氮化物结合碳化硅制品。

碳化硅耐火材料具有优异的耐酸性渣或碱性渣及氧化铁皮侵蚀的能力和耐磨性能，其高温下强度大、热膨胀系数小、导热性好、抗热冲击性强。碳化硅制品的耐氧化性较差，价格昂贵，故多被用于工作条件极为苛刻且氧化性不显著的部位。

碳化硅矿物原料在自然界极为罕见,工业上采用人工合成的方法获得。

7.4 不定形耐火材料

不定形耐火材料是由耐火骨料、粉料和一种或多种结合剂按一定的配比组成的不经成型和烧结而直接使用的耐火材料。这类材料无固定的形状,可制成浆状、泥膏状和松散状,用于构筑工业炉的内衬砌体和其他耐高温砌体,因而也通称为散状耐火材料。用这种耐火材料可构成无接缝或少接缝的整体构筑物,故又称为整体耐火材料。

不定形耐火材料通常根据其工艺特性和使用方法分为浇注料、可塑料、捣打料、喷射料和耐火泥等。

近年来,不定形耐火材料得到了快速发展。目前,在加热炉中,不仅广泛使用普通不定形耐火材料,还使用轻质不定形耐火材料,并向复合加纤维的方向发展。目前,在一些发达国家,不定形耐火材料的产量已占其耐火材料产量的1/2以上。

不定形耐火材料施工方便,筑炉效率高,能适应各种复杂炉体结构的要求。不定形耐火材料的使用,也可以改善炉子的热工指标。

7.4.1 耐火浇注料

耐火浇注料是由耐火骨料、粉料、结合剂组成的混合料,加水或其他液体后,可采用浇注的方法施工或预先制作成具有规定的形状尺寸的预制件,构筑工业炉内衬。由于浇注料的基本组成和施工、硬化过程与土建工程中常用的混凝土相同,因此,也常称其为耐火混凝土。

耐火浇注料的骨料由各种材质的耐火材料制成,其中以硅酸铝质和刚玉质材料用得最多;粉料是与骨料材质相同、等级更优良的耐火材料;结合剂是浇注料中不可缺少的重要组分,目前,广泛使用的结合剂是铝酸钙水泥、水玻璃和磷酸盐等。为了改善耐火浇注料的理化性能和施工性能,往往还要加入适量的外加剂,如增塑剂、分散剂、促凝剂或缓凝剂等,如以水玻璃作结合剂的浇注料常采用氟硅酸钠为促凝剂。

根据结合剂的不同,耐火浇注料可分为铝酸盐水泥耐火混凝土、水玻璃耐火混凝土、磷酸盐耐火混凝土及硅酸盐耐火混凝土等。几种常用耐火混凝土的性能见表7-2。

表7-2 几种常用耐火混凝土的性能

材 料	铝酸盐水泥耐火混凝土	磷酸盐耐火混凝土	水玻璃耐火混凝土
荷重软化开始温度/℃	1250 ~ 1280	1200 ~ 1280	1030 ~ 1090
耐火度/℃	1690 ~ 1710	1710 ~ 1750	1610 ~ 1690
抗热震性/次	>50	>50	>50
显气孔率/%	18 ~ 21	17 ~ 19	17
体积密度/g·cm^{-3}	2.16	2.26 ~ 2.30	2.19
常温耐压强度/kg·cm^{-2}	200 ~ 350	180 ~ 250	300 ~ 400
1250℃烧后强度/kg·cm^{-2}	140 ~ 160	210 ~ 260	400 ~ 500

耐火浇注料是目前生产和使用最为广泛的一种不定形耐火材料，主要用于砌筑各种加热炉内衬等整体构筑物，其广泛用于均热炉等冶金炉的磷酸盐浇注料。

耐火混凝土可以直接浇灌在模板内，捣固以后经过一定的养护期即可烘干使用；其也可以做成混凝土预制块，如拱顶、吊顶、炉墙、炉门等。

7.4.2　耐火可塑料

耐火可塑料是以粒状的耐火骨料和粉状物料与可塑黏土等结合剂和增速剂配合，加入少量水分经充分搅拌后形成的硬泥膏状、并在较长时间内保持较高可塑性的耐火材料。可塑料与耐火浇注料的骨料是相同的，只是结合剂不同，耐火可塑料的结合剂是生黏土，而耐火浇注料是用水泥等作结合剂。

根据所用骨料的不同，耐火可塑料分为黏土质、高铝质、镁质、硅石质等。目前，国内采用的都是以磷酸－硫酸铝为结合剂的黏土质耐火可塑料。

由于耐火可塑料中含有一定的黏土和水分，在干燥和加热过程中往往产生较大的收缩。如不加防缩剂的可塑料干燥收缩4%左右，在1100～1350℃内产生的总收缩可达7%左右。故体积稳定性是耐火可塑料的一项重要技术指标。耐火可塑料的抗热震性能高于其他同材质的不定形耐火材料。

耐火可塑料的施工不需要特别的技术。制作炉衬时，将可塑料铺在吊挂砖或挂钩之间，用木锤或气锤分层（每层厚

50~70mm)捣实即可。若用可塑料制作整体炉盖,可先在底模上施工,待干燥后再吊装。

耐火可塑料特别适用于各种加热炉、均热炉及热处理炉。耐火可塑料制成的炉子具有整体性、密封性好,导热系数小,热损失少,抗热震性好,炉体不易剥落,耐高温,抗蚀性良好,炉子寿命较长等特点。目前,国内耐火可塑料在炉底水管的包扎、加热炉炉顶、烧嘴砖、均热炉炉口和烟道拱顶等部位的使用都取得了令人满意的效果。

7.4.3 耐火泥

耐火泥是由粉状物料和结合剂组成的、供调制泥浆用的不定形耐火材料。其主要用作砌筑耐火砖砌体的接缝和涂层材料,用来使耐火砖相互连接,保证炉子具有一定的强度和气密性。

耐火泥一般由熟料与结合黏土组成,熟料是基本成分,结合黏土(生料)是结合剂,能在水中分散,增加耐火泥的可塑性。结合黏土适宜的数量随熟料的颗粒度而变,熟料粒度大,结合黏土含量则应多,耐火泥中熟料含量多,则耐火泥的机械强度增大;结合黏土的含量增加,耐火泥的透气性则降低。

耐火泥的耐火度取决于原料的耐火度及其配料比,一般耐火泥的耐火度应稍低于所砌筑耐火砌体的耐火度。在工业炉中,耐火泥的选择要考虑砌体的性质、使用环境和施工特点,通常所选耐火泥的化学成分、抗化学侵蚀性、热膨胀率等应接近于被砌筑的耐火制品的相应性质。

根据耐火泥化学成分的不同，分为黏土质、硅质、高铝质、镁质等，它们分别用于砌筑黏土砖、硅砖、高铝砖和镁砖。由于镁质耐火材料会发生水化反应，故镁质耐火泥不能加水调制，只能干砌或加卤水调制。

7.5 隔热材料和特殊耐火材料

在炉子的热支出项目中，炉壁的蓄热和通过炉壁的散热损失占有很大比例。为了减少这方面的损失，提高炉子的热效率，需选用热容量小、导热系数低的筑炉材料，即保温隔热材料。炉衬的外层一般砌筑保温隔热材料。炉子保温隔热材料的种类很多，常用的有轻质耐火砖、轻质耐火混凝土、耐火纤维和其他绝热材料，如硅藻土、石棉、蛭石、矿渣棉及珍珠岩制品等。

7.5.1 轻质耐火砖

轻质耐火砖是在耐火砖中加入某些特殊物质后烧成的，其气孔率比普通耐火砖高一倍，体积密度比同质耐火砖小 $0.5 \sim 7$ 倍。轻质耐火砖的导热系数小，常用来作为炉子的隔热层或内衬。

轻质耐火砖按所用材质不同，主要分为轻质黏土砖、轻质高铝砖和轻质硅砖。轻质耐火砖的耐火度与一般相同材质的耐火砖的耐火度相差不大，荷重软化点则略低。由于多数轻质砖在高温下长期使用时，会继续烧结而不断收缩，从而造成裂纹甚至破坏,故多数轻质砖有一个最高使用温度。轻质黏土砖的最高使用温度只有1150~1300℃,轻质高铝砖不超过1350℃,轻质硅砖高些,可达1600℃。

轻质耐火砖的抗热震性、高温结构强度和化学稳定性均较差,故不适合用于高速气流冲刷和振动大的部位。

综合来看,轻质耐火砖的优点是主要的。因此,国内外对轻质耐火材料的研究都十分重视,其应用愈来愈广泛,是一种有发展前途的材料。

轻质耐火砖宜用于炉子的侧墙和炉顶,用轻质黏土砖所砌的炉子重量轻、炉体蓄热损失少。因此,炉子升温快,热效率高,这对周期性作业的炉子意义尤为重要。

与轻质耐火砖工艺相似,在耐火混凝土配料中,加入适当的起泡剂,可以制成轻质耐火混凝土,体积密度是黏土砖的1/2,导热系数是黏土砖的1/3。如果用蛭石或陶粒一类材料作骨料,则密度及导热系数更低。

7.5.2 石棉

石棉是纤维结构的矿物,它的主要成分是蛇纹石($3MgO \cdot 2SiO_2 \cdot 2H_2O$)。松散的石棉密度为0.05~0.07g/cm³,压紧的石棉密度为1~1.2g/cm³。石棉的熔点超过1500℃,但在700℃时就会成为粉末,使强度降低,失去保温性能,故石棉制品的最高使用温度不得超过500℃。石棉板是将石棉纤维用白黏土胶合而成的,石棉绳则是用石棉纤维和棉线编织而成的。

7.5.3 硅藻土

硅藻土是由古代藻类植物形成的一种天然沉积矿物，其主要成分是非晶型的 SiO_2，含量为 60% ~94%。硅藻土制品含有大量气孔，质量很轻($500 ~600kg/m^3$)，是一种具有良好隔热性能的保温材料，其允许的工作温度一般不大于 900℃。松散的硅藻土粉可作填料，也可制成硅藻土砖使用。

7.5.4 蛭石

蛭石俗称黑云母或金云母。其成分大致为 SiO_2 2% ~40%、Fe_2O_3 6% ~23%、Al_2O_3 14% ~18%、MgO 11% ~20%、CaO 1% ~2%。蛭石内含有大量水分，受热时水分蒸发而体积膨胀，加热到 800 ~1000℃时体积胀大数倍，称为膨胀蛭石。去水后的蛭石可直接填充使用，也可用高铝水泥作结合剂制成各种保温制品。蛭石的最高工作温度为 1100℃。

7.5.5 矿渣棉、珍珠岩及玻璃纤维

煤渣、高炉渣和某些矿石，在 1250 ~1350℃熔化后，用压缩空气或蒸汽直接使其雾化，形成的线状物称为矿渣棉，其可以直接使用，也可制成各种制品使用。矿渣棉的最高使用温度不超过 750℃。

珍珠岩是一种新型的保温材料，具有体积密度小、保温性能好、耐火度高等特点。其组成以膨胀珍珠岩为主，加入磷酸铝、硫酸铝并以纸浆液为结合剂。珍珠岩的最高使用温

度为 1000℃。

玻璃纤维是液态玻璃通过拉线模拉制成的，可作为保温材料填充使用，其最高使用温度为 600℃。

7.5.6　耐火纤维

耐火纤维又称陶瓷纤维，是一种纤维状的新型耐火材料，它不仅可用作绝热材料，而且可作炉子内衬。耐火纤维的生产方法有多种，但目前工业上采用的都是喷吹法，即将配料在电炉内熔化，熔融的液体流出小孔时，用高速高压的空气或蒸汽喷吹，使熔融液滴迅速冷却并被吹散和拉长，就可以得到松散如棉的耐火纤维。耐火纤维以松散棉状用于工业炉只是其使用方法之一，更多的是制成纤维毯、纤维纸、纤维绳或与耐火可塑料制成复合材料，可适应多种用途。耐火纤维的节能效果显著。

陶瓷纤维使用的基本原料是焦宝石，它的成分属于硅酸铝质耐火材料，但因为形态是纤维，因此，其性能与黏土砖不尽相同，持续使用温度为 1300℃，最高使用温度为 1500℃。在 1600℃以上，陶瓷纤维失去光泽并软化。其优点为：重量轻、绝热性能好、抗热震性好、化学稳定性好、容易加工。

7.5.7　耐火材料的选用

耐火材料的正确选用对炉子的工作具有极为重要的意义，正确选择耐火材料能够延长炉子的寿命，提高炉子的生产率，降低生产成本等。相反，如果选择不好，会使炉子过早损坏而经常停炉，降低作业时间和产量，增加耐火材料的消耗和生产成本。选择耐火材料时应注意下列原则：

（1）满足工作条件中的主要要求。耐火材料使用时，必须考虑炉温的高低、变化情况，炉渣的性质，炉料、炉渣、熔融金属等的机械摩擦和冲刷等。但是，任何耐火材料都不可能全部满足炉子热工过程的各种条件，这就需要抓住主要矛盾，满足主要条件。例如，砌筑炉子拱顶时，所选用的材料首先应有良好的高温结构强度，而就抗渣性来说却是次要的要求。反之，在高温段炉底上层的耐火材料则必须满足抗渣性这个要求。又如，对间歇性操作的炉子来说，除了考虑抗渣性等基本条件外还应选择热稳定性好的材料。总之，就一个炉子来说，各部位的耐火材料是不相同的，应根据各部位的技术条件要求来选取合适的耐火材料。

（2）经济上的合理性。冶金生产消耗的耐火材料数量很大，在选用耐火材料时，除了满足技术条件上的要求外，还必须考虑耐火材料的成本和供应问题，某些高级耐火材料虽然具备比较全面的条件，但因价格昂贵而不能采用。当两种耐火材料都能满足要求的情况下，应选择其中价格低廉，来源充足的那一种，即使该材料性能稍差，但如能基本符合要求也同样可以选用。对于易耗或使用时间短的耐火制品，更应考虑采用价格低、来源广的耐火材料。不必使用高级耐火材料的地方就应当不用，以节约国家的资源。此外，经济上的合理性，不仅表现在耐火材料的单位价格，同时还应考虑到其使用寿命。

总之，选择耐火材料，不仅技术上应该是合理的，而且经济上也必须是合算的。应本着就地取材，充分合理利用国家经济资源的原则，能用低一级的材料就不用高一级的，当地有能满足要求的就不用外地的。

加热炉辅助设备的结构及工作原理

由加热炉排出的废气温度很高，带走了大量余热，使炉子的热效率降低，为了提高热效率，节约能源，应最大限度地利用废气余热。余热利用的意义是：

（1）节约燃料。排出废气的能量如果用来预热空气（煤气），由空气（煤气）再将这部分热量带回炉膛，这样就达到了节约燃料的目的。

（2）提高理论燃烧温度。对于轧钢加热炉来说，高温段炉温一般在 1250～1350℃左右，如果使用的燃料发热量低，那就不可能达到那样高的温度，或者需要很长的时间才能使炉子的温度升起来。而采取预热空气和煤气的办法就可以解决这个问题。

（3）保护排烟设施。炉子的排烟设施包括烟囱、引风机、引射器，它们都有耐受温度的极限。在回收利用烟气余热的同时，可以降低烟气的温度，保护排烟设施。

（4）减少设备投资。通过回收利用烟气余热降低烟气的温度，从而可以采用耐高温等级较低的排烟设施，减少设备的投资。

(5) 保障环保设施运行。通过回收利用烟气余热，降低烟气的温度，使得净化烟气的环保设施可以运行。

余热利用主要有两个途径：

(1) 利用废气余热来预热空气或煤气，采用的设备是换热器或蓄热室。

(2) 利用废气余热产生蒸汽，采用的设备是余热锅炉。

目前，大部分厂的废气余热利用采用的是第一个途径，因此，所采用设备是换热器或蓄热室。蓄热式加热炉前面章节已作介绍，本章主要介绍换热器的结构及其工作原理。

换热器的传热方式是传导、对流、辐射的综合。在废气一侧，废气以对流和辐射两种方式把热传给器壁；在空气一侧，空气流过壁面时，以对流方式把热带走。由于空气对辐射热是透热体，不能吸收，所以在空气一侧要强化热交换，只有提高空气流速。

换热器根据其材质的不同，分为金属换热器和黏土换热器两大类。轧钢加热炉一般都采用金属换热器。

金属换热器，当空气预热温度在350℃以下时，可用碳素钢制的换热器，温度更高时，要用铸铁和其他材料，耐热钢在高温下抗氧化，而且能保持强度，是换热器较好的材料，但耐热钢价格高。渗铝钢也有较好的抗氧化性能，价格比耐热钢低。

金属换热器根据其结构可分为：管状换热器、针状换热器和片状换热器、辐射换热器等。

8.1 管状换热器

管状换热器的形式有很多，如图 8 – 1 所示是其中一种。

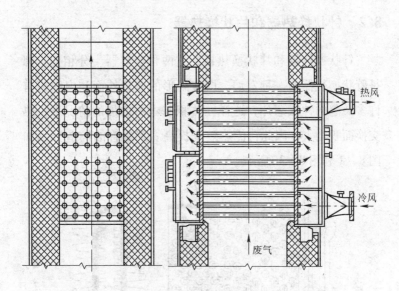

图 8 – 1 管状换热器

换热器由若干根管子组成，管径变化范围由 10 ~ 15mm 至 120 ~ 150mm。一般安装在烟道内，可以垂直安放，也可以水平安放。空气（或煤气）在管内流动，废气在管外流动，偶尔也有相反的情况。空气经过冷风箱均匀进入换热器的管子，经过几次往复的行程被加热，最后经热风箱送出。为避免管子受热弯曲，每根管子不要太长。当废气温度在 700 ~ 750℃ 以下时，可将空气预热到 300℃ 以下，如温度太高，管子容易变形，焊缝也易开裂。

这种换热器优点是构造简单，气密性较好，不仅可预热空气，也可用来预热煤气。缺点是预热温度较低，用普通钢管时容易变形漏气，寿命较短。

8.2　针状换热器和片状换热器

针状换热器和片状换热器，这两种换热器十分相似，都是管状换热器的一种发展。即在扁形的铸管外面和内面铸有许多凸起的针或翅片，这样在体积基本不增加的情况下，热交换面积增大，因此，传热效率提高。其单管的构造分别如图8-2和图8-3所示。

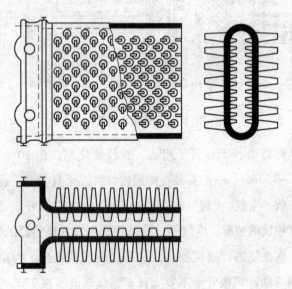

图8-2　针状换热器

换热器元件是一些铸铁或耐热铸铁的管子，空气由管内

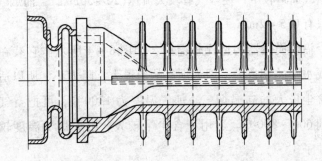

图 8 - 3 片状换热器

通过，废气从管外穿过，如烟气含尘量很大，管外侧没有针与翅片。整个换热器以若干单管并联或串联起来，用法兰连接，所以气密性不好，故不能用来预热煤气。

不采用针或翅片来提高传热效率，而采取在管状换热器中插入不同形状的插入件，也是利用同一原理强化对流传热的过程。常见的插入件有一字形板片、十字形板片、螺旋板片、麻花形薄带等。由于管内增加了插入件，增加了气体流速，产生的紊流有助于破坏管壁的层流底层，从而使对流给热系数增大，综合给热系数比光滑管提高约25% ~50%。这种办法的缺点是阻力加大，材质要使用薄壁耐热钢管，价格较高。

8.3　辐射换热器

当烟气温度超过900～1000℃时，辐射能力增强。由于辐射给热和射线行程有关，所以辐射换热器烟气通道直径很大。其管壁向空气传热，仍靠对流方式，流速起决定性作用，所以空气通道较窄，使空气有较大流速(20~30m/s)，而烟气流速只有0.5~2m/s。

辐射换热器构造比较简单，如图8-4所示。它装在垂直或水平的烟道内，因为烟气的通道大，阻力小，所以适合于含尘量大的高温烟气。烟气温度为1300℃，可把空气预热到600~800℃。适用于含尘量较大、出炉烟气温度较高的炉子。

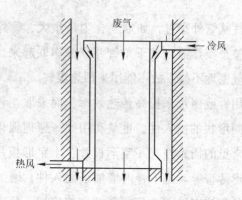

图8-4　辐射换热器示意图

辐射换热器适用于高温烟气，经过它出来的烟气温度往往还很高，因此，可以进一步利用。方法之一是烟气再进入对流式换热器，组成辐射对流换热器，如图8-5所示。

为了保证金属换热器不致因温度过高或停风而烧坏，一般安装换热器时都设有支烟道，以便调节废气量。废气温度过高时，还可以采用吸入冷风，降低废气温度的办法，或放散换热器热风等措施，以免换热器壁温度过高。

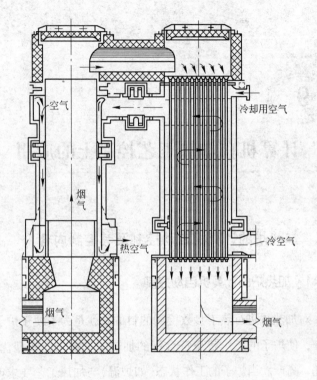

图 8 - 5 辐射对流换热器

9

计算机在加热工艺控制上的应用

9.1 加热炉的计算机自动控制及其控制内容

9.1.1 加热炉的计算机自动控制

对加热炉进行热工参数检测的目的，就是为了便于炉子的操作，使炉子的工作状态符合钢的加热工艺要求，实现优质、低耗、高产。当炉子的工作状态(如炉温)与加热工艺要求产生偏差时，就必须对其进行调节(控制)。加热炉热工参数的控制方式可分为手动调节、自动调节及计算机自动控制。

热工参数的自动调节是手动调节的发展，它是利用检测仪表与调节仪表模拟人的眼、脑、手的部分功能，代替人的工作而达到调节的作用。

手动调节时，先由操作人员用眼观察显示仪表上温度的数值或直接用眼凭经验判断炉温高低，确定操作方向，用手调节供给燃料阀门的开启度，改变燃料流量，调节炉温使其稳定在规定的数值上。显然，手动调节劳动强度大，特别是对某些变化迅速，条件要求较高的调节过程很难适应，有时还会因人为失误而造成事故。

自动调节时，热电偶感受到炉温变化经变送器送入调节器与给定值相比较(判别与规定数值的偏差)，按一定的调节规律(事先选定好)输出调节信号驱动执行器，改变燃料流量，维持炉温恒定。可以看出，热电偶及变送器代替了人的眼睛，调节器代替了人脑的部分功能；执行器代替了人的手。在调节过程中没有人的直接参与，显然大大减轻了操作人员的劳动强度，调节质量也有明显提高。当然，自动调节仍离不开人的智能作用，如给定值的设定，调节规律的选择，各环节的联系与配合丝毫离不开人的智能作用。

加热炉的计算机控制是在自动控制(调节)的基础上发展起来的。采用计算机控制，不仅可以实现全部自动调节的功能，而且可以将设备或工艺过程控制在最佳状态下运行。如对加热炉采用计算机控制时，通过对各个热工参数(如温度、压力、流量、烟气成分等)的系统控制，可将炉子工作状态控制在燃耗最低、热效率最高、生产率最大的最佳状态，而手动调节很难做到这一点。随着计算机技术的发展，其控制对象已从单一的设备或工艺流程扩展到企业生产全过程的管理与控制，并逐步实现信息自动化与过程控制相结合的分级分布式计算机控制，创造大规模的工业自动化系统。

9.1.2 计算机对加热炉的控制内容

计算机对加热炉的控制内容有炉温控制、炉压控制、液位控制、煤气流量、煤气压力、空气流量、空气压力等。

9.2 计算机在加热温度控制上的基本方法

加热炉加热的目的是保证合适的空燃比、降低燃料损耗、提高加热质量和产量。为了达到既定的要求和目标，在加热控制上的基本方法主要有以下几种。

9.2.1 温度单回路控制

温度单回路控制是最简单的控制方式，通过炉温的变化直接调节煤气流量。

9.2.2 串行串级控制

在串行串级控制中，空气和煤气串行，温度回路的输出值作为煤气回路的设定值，煤气回路的输出值再作为空气回路的设定值。

9.2.3 并行串级控制

在并行串级控制中，空气和煤气并行，温度回路的输出值作为煤气、空气回路的设定值。温度回路、煤气回路、空气回路的控制算法有变参数 PID 控制算法和二自由度 PID 控制算法，前者只能实现"干扰抑制"或"设定值跟踪"特性中的一种最佳，后者能够做到设定值跟踪最佳和干扰抑制最佳，从而使系统获得最理想的特性。煤气和空气回路的设定值由控制模型、炉温控制算法、专家寻优控制算法三者之一给定。

9.2.4 并行串级单交叉限幅控制

单交叉限幅控制可以保证在动态过程中，空气量比燃料量富裕，不会产生冒黑烟现象，但由于对空气量的上限没有限制，因此排烟热损失较大。

9.2.5 并行串级双交叉限幅控制

双交叉限幅控制的特点是当热负荷增加时，空气量设定值先增加，煤气量设定值后增加，防止冒黑烟；当热负荷降低时，煤气量设定值先降低，空气量设定值后降低，减少烟气热损失；当空气回路出故障时，煤气自动切断，避免危险。双交叉算法在动态调节时能够获得合理的空燃比，但响应速度慢。改进型双交叉(偏差比例型)控制算法是双交叉系统在空燃比特性与响应速度上的折中处理。

交叉限幅控制的特点是采用一个最大选择器和一个最小选择器，其目的是保证当炉温低于设定值，需要增加燃料流量时空气先行；而当炉温高于设定值，需要减少燃料流量时燃料先行，以防止冒黑烟。该方法已经广泛应用于工业燃烧控制中，它能在动态过程中保证空燃比在规定范围内，从而使燃烧过程最佳，节约能量，减少环境污染。

9.2.6 带氧量校正的双交叉限幅燃烧控制系统

在该系统中，残氧检测方法被用来参与闭环控制，其结构如图 9-1 所示。目前的主要问题是用于测量烟气中氧含量

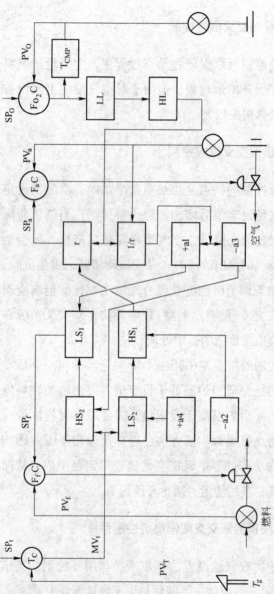

图 9 - 1 带氧量校正的双交叉限幅燃烧控制系统

PV_T, SP_t—炉温的测量值和设定值；SP_O, PV_O—烟气中氧含量设定值和测量值；PV_f, SP_f—燃料流量的测量值和设定值；

PV_a, SP_a—空气流量的测量值和设定值；T_C, F_fC, F_aC, $F_{O_2}C$—温度、燃料流量、空气流量和氧含量调节器；

HS, LS—高值和低值选择器；a1、a2、a3、a4—偏置系数；HL, LL—高频和低频滤波器；

r, 1/r—乘法器和除法器；MV_t—温度调节器输出（燃料目标流量）；T_g—炉温；T_{CMP}—纯滞后补偿环节。

的氧化锆探头进口的产品价格太贵，国产的使用寿命太短，因此，在一定程度上制约了它的推广应用。

目前，维持确定空燃比的炉温控制算法已经逐渐成熟，在双交叉限幅的基础上，又开发了变增益交叉限幅、串级比值等新的控制策略。炉温调节除普通的 PID 外，也出现了改进型的二自由度 PID、I－PD 等类型。优化燃烧控制方面必须解决的问题是：实际的燃烧过程还要受燃料成分、燃料发热值的波动、流量测量信号失真等随机工艺因素的影响，合理的空燃比本身也在变化。

燃烧控制的另一条途径是研制空燃比的自寻优和智能型寻优控制，目前还处于研究阶段。直接监测火焰性能以控制燃烧的方法最为理想，但现在还没有很实用的在线监测仪器。近年来，随着人工智能理论的发展和实用化，模糊控制、专家系统等正在加热炉燃烧控制上得到越来越广泛的应用。蒙特卡洛随机思想以及量子物理浮点思想在自动控制方面也引起了研究者们的高度重视，随着现代科学技术的发展，随机系统滤波与控制理论也将被应用于加热炉计算机控制系统中。

10

加热工序管理及安全生产知识

10.1 加热工序管理内容及控制方法

加热工序是指整个加热炉区域内的作业，从坯料进厂房到加热好的坯料进入轧机，共分为多个小的工序，如坯料存储管理、加热温度管理、坯料装出炉管理、钢材炉号管理，只有所有的小工序都严格按照各岗位标准执行，才能保证整个加热工序的顺利进行。

岗位标准包含该岗位主要工作、技术标准、管理方法和异常项处理。

10.1.1 原料工作业标准

原料工作业标准见表 10-1。

(1) 确认物卡相符。原料进车间后，首先以《连铸坯的钢号标识符》为标准，对每支钢坯先钢号后炉号确认标识正确，并确认每炉钢坯规格尺寸、支数、定重与送钢卡片记录是否相符，物卡不符或者标识不清，领料工有权拒绝接收，并及时与当班调度、半成品库联系，确认经调度同意后方可接收。

（2）确认钢坯尺寸。根据相应的国标标准，用卡钳、钢板尺在连铸坯长度的垂直方向测量边长，测量部分应在剪切辊变形和有缺陷区以外；用盒尺沿连铸坯侧面中心线测量两截面的距离，记录钢坯长度；用卡钳、钢板尺测对角线长度和边长；钢坯有缺陷时，测量缺陷处的长或宽或高或深等数据，测鼓肚高的方法为用卡钳测鼓肚处最大值减边长；测量切斜的方法为最大边长减去最小边长的长度差。

（3）检查表面质量。连铸坯表面不得有肉眼可见的结疤、夹杂、翻皮、重接。普通质量非合金钢和低合金钢不得有深度大于2mm的裂纹；优质非合金钢、特殊质量非合金钢和合金钢不得有深度大于1mm的裂纹；普通非合金钢和低合金钢不得有深度或高度大于3mm的划痕、压痕、气孔、皱纹、冷溅、凸块、凹坑；优质非合金钢、特殊质量非合金钢和合金钢不得有深度或高度大于2mm的划痕、压痕、气孔、皱纹、冷溅、凸块、凹坑、横向振痕；连铸坯角部的振痕深度不得大于1.5mm，振痕处不得开裂。以上数据以200~360的矩形连铸坯为例。

（4）炉甩坯的处理。由于轧线突然发生事故，造成已出炉但未进入轧线的热坯料温度无法满足要求，只得重新回炉加热的坯料称为炉甩坯。炉后有与入炉钢坯同断面的炉甩坯时，确认回炉卡片与炉甩坯一致后，按原炉号组织炉甩坯入炉。为了避免发生混号事故，不同炉号的炉甩坯严禁集中

表 10－1 原料

分类	控制项	技术标准	什么时候做	使用工具
钢坯识别	标识	主要连铸坯的钢号标识符与国外钢号及中国钢号对照表见文件 SG/Q－技术－A001	领入钢坯时	手电筒高温蜡笔(石笔、粉笔)
	尺寸	(1) 坯料规格。断面： $300 \times 360mm^2$ $280 \times 320mm^2$ $220 \times 300mm^2$ $180 \times 220mm^2$ 长度：5100～6000mm (2) 尺寸、外形允许偏差（mm）： | 总弯曲	边长允许偏差	对角线长度之差	切斜	鼓肚
≤40	±6.0	≤9.0	≤15.0	≤5.0 | (3) 定尺长度允许偏差 0～+50mm； (4) 连铸坯不应有明显的扭转； (5) 其他标准执行《连续铸钢方坯和矩形坯》(YB 2011—2004)、《连续铸钢方坯和矩形坯》(SGNB 008—2005) 及技术中心下发的有关规定	领入钢坯时	盒尺游标卡尺手电筒
	表面质量	(1) 连铸坯表面不得有肉眼可见的结疤、夹杂、翻皮、重接。不得有深度大于1mm的裂纹以及深度或高度大于2mm的划痕、压痕、气孔、冷溅、凸块、凹坑、皱纹、横向振痕。连铸坯横截面不得有影响使用的缩孔、皮下气泡、裂纹。 (2) 连铸坯表面不得有振动引起的折叠状振痕。 (3) 连铸坯角部的振痕深度不得大于 1.5mm，振痕处不得开裂	领入钢坯时上料时	手电筒小锤游标卡尺
	支数	每炉钢坯实际支数与送钢卡片记录支数相符，热供时按传递小票及卡片核对钢坯支数	领入钢坯时	蜡笔
	码放吊运上料	钢坯呈"井"字形按区域码放整齐，不同炉批号不得混放一层，并作好标识；每垛不得超过 4m（具体高度根据地面承载能力和安全规定综合制定）。 依据钢坯送达顺序，每炉核对支数正确后，指挥天车将钢坯吊运至上料台架上，确保钢坯按照炉号依次入炉。 上料换钢种时，在台架上，上下炉料各取 6 支坯料进行火花鉴定，确认无误后，方可入炉	领入钢坯时钢坯运往上料台架时	天车吊具 (≤600℃使用磁盘；＞600℃使用夹具)蜡笔/手砂轮
	炉甩坯	有与入炉钢坯同钢种同断面的炉甩坯时，按原炉号组织炉甩坯入炉，根据炉甩坯记录，先拿卡片与实物核对钢号、炉号、支数且支支进行火花鉴定无误后方可入炉。不同炉号，同钢种同断面坯料可集中入炉	钢坯入炉时	蜡笔/粉笔/手砂轮

工作业标准

管理方法		异常项处理方法	异常品处理
如何做	相应记录	异常项处理方法	异常品处理
(1) 核对物卡。 (2) 对每支钢坯先钢号后炉号确认标识正确（热供坯除外）	钢坯领入记录	钢坯验收时出现钢种或炉号标识不清或与送钢卡片不符的，不予接收，并向当班品质部、半成品库、调度反馈信息	由品质部检验员逐支确认无误并修改标识正确后才接收
每炉取2支坯料。用卡尺在连铸坯长度的垂直方向测量边长，测量部分应在剪切辊变形和有缺陷区以外；用盒尺沿连铸坯侧面中心线测量两截面的距离，记录钢坯长度；用卡尺测对角线长度。 钢坯有缺陷时，测量缺陷处的长和宽或高或深等数据，测鼓肚高的方法为用卡钳测鼓肚处最大值减边长；测量切斜的方法为最大边长减去最小边长的长度差。 钢温不小于400℃的热供坯不测量外形尺寸；但目视有缺陷时，必须对缺陷进行检查和确认	剔废及炉甩坯记录	出现不符合项拒绝接收，并向当班品质部调度、本厂调度反馈信息	经品质部确认后，依判定结果处理
手电筒照射，目视、卡尺检查，对有缺陷的钢坯，用小锤敲打铁皮，确认合格可以入炉，不合格拒绝接收	剔废及炉甩坯领入记录	出现不符合项拒绝接收，并向当班品质部调度、本厂调度反馈信息	经品质部确认后，依判定结果处理
数钢坯支数，用蜡笔在每垛最上一层最边钢坯的上表面写出总支数。 热供时，数钢坯支数但钢坯上表面不写支数		出现不符合项拒绝接收，并向当班品质部调度、本厂调度反馈信息	经品质部确认后，依判定结果处理
按当班原料结构更换定置牌，卸料堆放，并字形按钢种起垛整齐码放到定置区域；上料时，指挥吊运并把送钢卡片随每炉号第一吊钢坯传递给CP1操作工，在每炉最后一根钢坯上面和侧面用箭头作出明显标记。换钢种做火花鉴定	无	发生吊运错误时，停止吊运，核实正确后重新吊运；发生火花鉴定异常，停止入炉，核实准确后重新入炉	按照"按炉送钢制度"核实准确后吊运入炉；由品质部做光谱分析
按卡片核对钢号、炉号、支数，支支做火花鉴定	剔废及炉甩坯领入记录	不入炉	追溯甩坯班次，确认后再入炉；由品质部做光谱分析

入炉。

（5）坯料码放存储。钢坯呈"井"字形按区域码放整齐，不同炉批号不得混放一层，并作好标识；每垛不得超过4m（具体高度根据地面承载能力、坯料规格和安全规定综合制定）。

10.1.2 坯料装出炉工作业标准

坯料装出炉工作业标准及流程见表10-2。

（1）核实物卡一致。确认送钢卡片与钢坯标识是否一致，如果标识不清或不一致，停止入炉并立即通知原料管理工，核实正确后才可以入炉。

（2）钢坯装出炉。通过操作相应设备，使钢坯按加热制度，均匀的入炉、出炉。

（3）核对支数。在每炉号钢坯吊运到上料台架上时接收送钢卡片，入炉时记录支数；换炉号时，炉内空一个步距（步进炉）或者将一块压号砖放置到此炉最后一根钢坯上表面中间部位(推钢炉)；换钢号时，炉内空两个步距(步进炉)或者将两块压号砖放置在此炉最后一根钢坯上表面中间部位；出炉时记录支数，出炉号的最后一根钢坯时把下一炉号送钢卡片交给跑号工；发现支数不符时，停止入出炉，核对正确后方可入出炉；对已入炉的整炉钢坯：混炉号的通知品质部轧成材后组号处理，混钢号的不能轧制成材，出炉时甩出，根根化验成分，依结果判定。

10.1.3 跑号工作业标准

跑号工作业标准及流程见表 10-3。

（1）对每炉号支数确认，对每炉号最后一支进行跟踪至精整，做好标识，卡片传递至精整管号工。

（2）每支炉甩坯应当班按原炉号办理炉甩卡片，每支炉甩坯上均要及时写清炉号，同时炉号后加 H、钢号、班次。

10.1.4 烧火工作业标准

烧火工作业标准及流程见表 10-4。

（1）严格按照公司下发的各钢种加热作业指导书操作，时刻观察调整炉内温度，使之满足各钢种的加热要求，避免出现加热缺陷。

（2）熟练掌握加热炉闭火、点火的程序，熟悉煤气的安全生产知识。

（3）观察仪表显示（风机温度、空煤气流量、汽包水位、汽包压力等），发现异常及时调整或者紧急停炉，避免发生重大生产事故。

（4）轧线发生紧急事故或停车换辊时，根据时间长短决定加热炉降温多少：15min 降 20℃、30min 降 40℃、45min 降 50℃、大于 60min 降 100℃。

为了更好地管理和学习，我们把岗位标准制作成表格，具体见表 10-1、表 10-2、表 10-3、表 10-4，只有严格按照各自的岗位标准作业，才能确保为轧线提供合格的热坯料。

表 10 - 2　装出炉

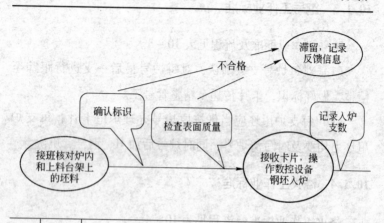

分类	控制项	技术标准	什么时候做	使用工具
钢坯入炉	标识	主要连铸坯的钢号标识符与国外钢号及中国钢号对照表见文件 SG/Q - 技术 - A001	钢坯入炉时	
	支数	每炉钢坯入炉支数与卡片和记录的合格支数相符	钢坯入炉、出炉时	笔、电话

工作业标准及流程

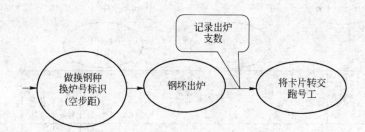

管理方法		异常项处理方法	异常品处理
如何做	相应记录		
目视核对物、卡	钢坯入炉、出炉记录	钢坯入炉时或发现炉内钢号标识不清，停止立即入炉并通知原料管理工，核实正确后才可以入炉	由原料管理工核实，原料管理工也无法确认的由品质部检验确认
（1）在每炉号钢坯吊运到上料台架上时接收送钢卡片，入炉时记录支数； （2）换炉号时，炉内空一个步距，换钢号时，炉内空两个步距； （3）出炉时记录支数，出炉号的最后一根钢坯时把下一炉号送钢卡片交给跑号工； （4）出每个炉号的最后一根和新炉号的第一根钢坯时，电话通知轧机操作工	钢坯入炉、出炉记录	发现支数不符时，停止入炉、出炉、核对正确后方可出炉	对已入炉的，整炉钢坯： （1）混炉号的通知品质部轧成材后组号处理； （2）混钢号的，不能轧制成材，出炉时甩出，根根化验成分，依结果判定

表 10 – 3 　跑号工

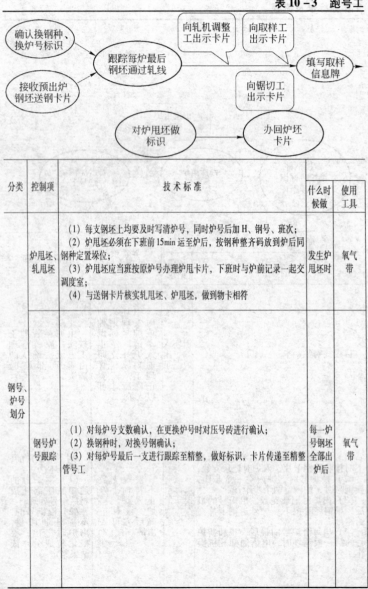

分类	控制项	技术标准	什么时候做	使用工具
钢号、炉号划分	炉甩坯、轧甩坯	(1) 每支钢坯上均要及时写清炉号，同时炉号后加 H、钢号、班次； (2) 炉甩坯必须在下班前 15min 运至炉后，按钢种整齐码放到炉后同钢种定置垛位； (3) 炉甩坯应当班按原炉号办理炉甩卡片，下班时与炉前记录一起交调度室； (4) 与送钢卡片核实轧甩坯、炉甩坯，做到物卡相符	发生炉甩坯时	氧气带
	钢号炉号跟踪	(1) 对每炉号支数确认，在更换炉号时对压号砖进行确认； (2) 换钢种时，对换钢号确认； (3) 对每炉号最后一支进行跟踪至精整，做好标识，卡片传递至精整管号工	每一炉号钢坯全部出炉后	氧气带

作业标准及流程

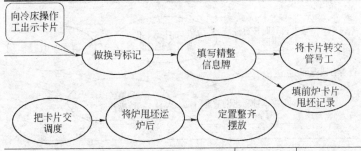

向冷床操作工出示卡片

做换号标记 → 填写精整信息牌 → 将卡片转交管号工

把卡片交调度 → 将炉甩坯运炉后 → 定置整齐摆放

填前炉卡片甩坯记录

管理方法		相应记录	异常项处理方法	异常品处理
如何做				
(1) 当班按原炉号到外检办理炉甩卡片,下班时与炉前记录一起交调度室; (2) 每支炉甩坯均要及时写清炉号、钢号、班次; (3) 当班炉甩必须在交班前运往炉后,按钢种整齐码放到炉后同钢种定置垛位; (4) 在送钢卡片上填写炉甩坯和轧甩坯的支数,未出现炉甩坯和轧甩坯时,在栏内划斜线以表明确认		炉甩卡片	不入炉	追溯甩坯班次记录,补齐相应标识及记录,确认无误后再入炉轧制
(1) 确认每炉钢坯出炉支数,确认换钢种、炉号标记; (2) 拿下一炉的送钢卡片,跟踪正轧炉号最后一支钢材至精整,做好标识(例:圆钢换炉号时:在上一支钢材最后5支钢材西侧端部涂抹标识;换钢种时:在上一钢种最后10支钢材西侧端部涂抹标识;对于炉甩坯,钢材总支数少于或等于需涂抹标识支数2倍的,该炉号钢材西侧全部涂抹标识,但上一炉号末的钢材不涂抹标识;钢材支数多于需涂抹标识支数的,按正常炉号涂抹。方钢换炉号时由跑号工在上一炉号的最后10支钢坯西头端部用氧气带涂抹明显标识,精钢工在下一炉号开始10根钢坯东头端部用氧气带涂抹明显标识。换钢种时,由跑号工在上一钢种最后20支钢坯西头端部用氧气带涂抹明显标识,精钢工在下一炉号开始20根钢坯东头端部用氧气带涂抹明显标识。对于炉甩坯,切断后的钢坯总数少于等于需正常涂抹标识支数2倍的,在该炉号钢材西侧涂抹标识,但前一炉号末不再涂抹标记;切断后的钢坯支数大于需涂抹标识支数2倍的,按正常炉号涂抹); (3) 把送钢卡片分别依次向轧机调整工、锯切工、取样工、冷床操作工出示,明确告诉此炉号最后一支钢材的位置,以便各工种记录相关内容及掌握相关信息,在取样信息牌上记录钢号、炉号、支数等内容,最后把卡片传递至精整管号工			钢坯出炉时,以压号砖、换号坯为准进行跟踪跑号。钢坯炉号跟踪不准时,按每炉钢坯支数对应的成材根数初步划分炉号,再通知精整管号工把不能准确判定的部分钢材单独收集、单独存放;钢材炉号跟踪不准时,划定不能准确判定的部分钢材,单独收集,按不合格品定置存放	(1) 对混炉号、混钢号的钢坯不要轧制成材; (2) 对混炉号、混钢号的钢坯、钢材由品质管理部重新组号处理; (3) 对发生混钢号的钢坯、钢材要单独堆放,根据取样交品质管理部跟踪作成分化验,依结果挑分钢坯或钢材

表 10 – 4　烧火工

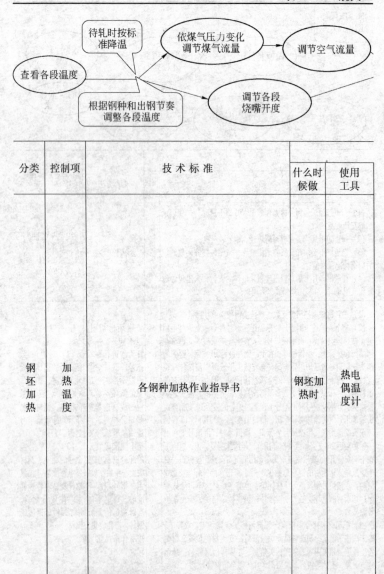

分类	控制项	技术标准	什么时候做	使用工具
钢坯加热	加热温度	各钢种加热作业指导书	钢坯加热时	热电偶温度计

作业标准及流程

管理方法			异常项处理方法	异常品处理
如何做	相应记录			

管理方法		异常项处理方法	异常品处理
（1）正常生产时，根据钢坯加热要求，调节加热一段、加热二段煤气调节阀，对应调节空气流量，调节各烧嘴煤气阀及空气阀开度，使各段温度符合标准； （2）加强与出钢人员、轧机人员及相关部门的联系，适时调整加热操作； （3）因故停车保温时，根据实际情况，适量调小加热一段、加热二段各调节阀及煤气、空气烧嘴阀门，同时调节烟闸阀门控制炉压，防止钢坯过热、过烧； （4）煤气压力波动时，应根据实际情况适量增减煤气、空气量，保证正常燃烧和加热温度； （5）换向阀出口废气温度控制在150℃以下，加热一段空气预热温度小于550℃，煤气预热温度小于450℃，各段空气量下限值为3500Nm³/h，高炉煤气压力不低于3000Pa； （6）将每一钢种的钢号、规格、入炉时间、换辊时间填写在备注栏； （7）对各段温度，开轧温度，煤气、空气流量，汽包压力、液位等参数每60min记录一次	加热炉作业记录 微机连续记录	各段温度低于标准下限时，通知出钢工停止出钢，同时调整煤气、空气流量，调节加热一、二段煤气调节阀，调节各烧嘴煤气阀、空气阀开度，各段温度符合标准后通知出钢工出钢； 各段温度参数高于标准上限时，调整煤气、空气流量，调节加热一、二段煤气调节阀，调节各烧嘴煤气阀、空气阀开度； 推钢炉：发生粘钢时，通知出钢工快速甩钢，同时适量减少均热段煤气、空气流量	温度超上限的钢材滞留，取样交品质管理部检验脱碳，依检验结果处理； 粘钢处的钢坯及粘钢造成的炉甩坯回炉后轧成的钢材，取一个试样化验脱碳，钢材滞留依检验结果处理

10.2 节能降耗途径

由于能源紧缺，节能已被提到极为重要的地位，而体现节能的重要指标如热效率、燃耗等指标也越来越得到人们的广泛关注。分析炉子的热平衡是了解炉子热工作状况好坏的重要方法，通过分析，可发现影响燃耗的主要因素，抓住主要矛盾，采取节约燃料的相应措施。表 10 - 5 是一座没有任何节能措施的加热炉的热平衡表。

表 10 - 5   炉子热平衡举例

项目	所占比例/%	项目	所占比例/%
燃料化学热	100	出炉烟气热损失	30 ~ 35
燃料与空气物理热	0	冷却水热损失	20 ~ 30
钢坯吸热	25 ~ 30	其他炉膛热损失	10 ~ 15

这座炉子水管很多又不包扎，没有空气预热器，钢坯有效吸收热量不到炉子供热的 1/3。冷却水带走近 1/3，烟气带走超过 1/3，所以形象地说，要想以提高加热炉的热效率而达到节能的效果，首先要向水和烟气要热量，要狠抓这两个"1/3"，把他们的大部分热量回收起来，如减少和包扎炉底管可使其热损失由 20% ~ 30% 减到 7% ~ 10%，从而达到节能降耗的效果。

10.2.1 减少钢在炉内的吸热量

10.2.1.1 低温轧制

所谓低温热轧是指稍高于再结晶温度下的轧制。提高轧制温度虽然可以降低轧件温度的屈服应力，使变形功降低，但是由于变形功可以转化为热量，因此，当轧件温度的热损失主要是热辐射时，热损失量与轧件温度的 4 次方成正比。较低的轧件温度意味着轧件对周围的热辐射减少、热损失较少。低温热轧工艺最主要的优点就是节能。此外，它还有以下几个优点：

（1）降低出炉温度可以提高加热炉的生产率，在不新建加热炉的情况下可提高产量。

（2）可减少氧化铁皮生成。这样既可以降低烧损，提高钢材成材率，又可以减少氧化铁皮对轧辊的磨损。这一优点对合金钢和特殊钢尤为重要。

（3）减低轧件温度还可以减少由于热应力而造成的轧辊断裂。

10.2.1.2 热送热装

热装是指在正常轧制状态下，热连铸坯在连铸机冷床处用取料机逐根地取出放到单根坯运输辊道上，再由此辊道放到加热炉附近，再次进行测长和不合格钢坯的剔除后，送入加热炉。

热送热装的优点：

（1）减少加热炉的燃料消耗，节省大量能源。

（2）减少加热时间，减少金属消耗，一般比冷装减少0.3%的金属消耗。

（3）减少库存量、厂房面积和起重设备，减少人员，降低建设投资和生产成本。

（4）缩短生产周期，可使从接受订单到向用户交货时间缩短十几个小时。

按照连铸坯装炉温度，可将连铸坯热送热装分为下列几种类型：

（1）直接轧制。连铸机生产的高温连铸坯切割后立即送入轧钢加热炉，装炉温度不低于 950～1000℃，钢坯在加热炉内仅进行均温，有时采用通道式电感应加热炉加热钢坯，使钢坯表面和边角温度提高。直接轧制需要连铸机和轧钢紧凑布置，连铸热钢坯用辊道直接送入轧钢加热炉，加热炉内应有一定的钢坯缓冲能力，以便轧机出现事故时存储热钢坯。这种类型需要连铸和轧钢小时生产能力相匹配，轧机能力应大于连铸机能力。

（2）高温热装。连铸坯的装炉温度约为 Ar_3～900℃。这种类型要求轧钢车间紧邻连铸车间布置，连铸坯通过辊道或保温车送至轧钢车间加热炉，连铸机和轧机之间小时生产能力的匹配不如直接轧制要求严格，通常在连铸和轧钢之间能力不平衡和事故等情况下进行热连铸坯缓存和保温。

（3）温装。温装又分为两种类型：一种是装炉温度为 Ar_1～Ar_3；另一种是装炉温度为 400℃～Ar_1。由于其钢坯装炉温度较低，一般称为温装。通常连铸车间与轧钢车间距离较远，热连铸坯用保温车送至轧钢车间。

10.2.2 充分回收出炉烟气余热

烟气余热的回收方法有:

(1) 降低单位面积炉底产量,即适当延长不供热的预热段,将烟气余热用于预热入炉钢坯。

(2) 采用高温抽烟机将预热器后的烟气抽到炉子的预热段来喷吹预热钢坯。

(3) 利用余热预热助燃空气。

(4) 采用余热锅炉产汽或发电。

钢铁厂的节能投资应优先用于回收烟温和烟量大的加热炉上,其次才考虑回收低温余热。采用预热器或喷流预热段都可能把排入大气的烟温降到350℃以下。

对于烟气余热无法充分回收到炉内去的燃煤加热炉,原则上应安装余热锅炉,使排入大气的烟温降到200~250℃。

总之,回收余热时首先考虑空气(煤气)预热器,因为它可以降低炉子的一次能耗,提高炉子本身的热效率,以节约燃料油和高热值燃料,其次才考虑供给余热锅炉去产汽。

10.2.3 采用高级耐火材料——耐火纤维

近年来,为了节能,轻质和超轻质(密度0.3~0.4g/mm³)耐火制品已在工业炉上广泛应用。世界上已有数千座炉温在1000℃以下的热处理炉采用耐火纤维。耐火纤维获得广泛应用的原因是它可以比其他轻质砖衬还薄一半,重量比后者轻1/2,蓄热量只有轻质砖的1/5,而且不要求坚固的钢结构，可大大减轻炉体重量。采用超轻质砖和耐火纤维可明显节能。特别是加热和冷却频繁、蓄热损失占炉子热平衡的主要比例的间断式热处理炉，采用耐火纤维可节能15% ~20%，个别的可节能30%。耐火纤维还可以作为均热炉炉盖的密封材料。

10.2.4　其他措施

（1）炉底水管采用汽化冷却，可节约用水约97%。

（2）采用自动化控制和新式烧嘴，提高燃烧性能，节约燃料。

（3）解决炉体密封，防止冒火和吸冷风。

（4）提高加热炉的操作、管理水平，纠正不良操作习惯。

10.3　安全生产知识

安全生产、实现零伤亡是所有大型钢铁企业生产中的重中之重，全体职工必须牢固树立"安全第一，预防为主"的思想，认真执行安全生产法，劳动保护政策、法令和规定。在整个加热工序中，我们必须认真辨识各岗位存在的危险因素，严格执行有关的安全操作规程，只有这样我们才能保证生产的顺利进行，才能真正做到"平平安安上班来，快快乐乐回家去"。下面详细地介绍了各工种需遵守的安全规程，并重点介绍了煤气的危害和预防。

为了家人和自己的幸福，请认真学习以下加热工序各岗位安全操作规程。

10.3.1 通则

（1）作业时必须集中思想，精心操作。

（2）加热炉仪表室操作工必须经煤气、压力容器和起重指挥作业培训，经考核合格后，方可持证上岗。

（3）严格执行煤气作业的安全操作规程。

（4）严禁戴手套操作键盘和控制面板。

（5）严禁坐在操作盘上，严禁将脚搁在控制面板上。

（6）在操作过程中，遇到有可能造成人身伤害和设备重大事故的情况时，应立即按下紧急停车按钮。

（7）接班前，对作业区安全防护设施认真点检，发现问题及时上报联系处理。

10.3.2 原料工安全操作

（1）上料作业时，上料工必须对作业区域进行安全确认。

（2）严禁天车超标吊运。

（3）指挥天车必须单人指挥，佩戴袖标，命令和手势必须规范、明确，严禁在吊物下行走或停留。

（4）到原料库进行确认时，应注意场地的平整状况、天车的运行情况和料垛的稳固程度。

（5）严禁在工作的上料台架的坯料上站立、行走。

（6）保持设备清洁，设备清扫执行《设备使用维护规程》。清扫上料台架下氧化铁皮时，切断上料台架电源，挂上"禁止合闸"牌，清扫动作幅度不能过大，以防损坏设备和伤害自己。

10.3.3 坯料装出炉工安全操作

（1）启动设备时必须确认设备周围无人和障碍物，严禁突然启动设备。

（2）天车上料时，确认上料台架处于待料位置，严禁启动步进梁，确保上料台架驱动装置完好。

（3）退坯辊道处钢坯剔除时，确认剔除装置收集槽及周围无人和物后方可操作，收集槽内坯料不得超过3支。

（4）在天车吊运剔除装置收集槽内坯料时，严禁启动剔除装置。

（5）在设备检查和定、检修作业时，将操作开关切到零位，切断作业范围内设备电源，挂上"禁止合闸"牌，方可作业，确保人身安全。作业完毕，在检查人员和操作人员在场的情况下，将"禁止合闸"牌换为"送电运行"牌，再送电。

（6）在设备检查和定、检修整个过程中，操作工严禁扳动或按下操作开关。设备在定、检修时如需中间动车要三方（点检、检修、操作）人员在场，确认周围无障碍物和人，操作工方可按要求动车。

（7）严禁踩踏液压润滑和电气仪表管线。

（8）定修作业时，通知电修人员，按要求切断作业范围的设备电源。检修过程中需要操作，必须三方人员（点检、检修、操作）都在场，并且由专人指挥，方可操作。严禁操作工随意操作按钮。

（9）给脂时，注意周围安全以及地面是否有油污，防止碰伤和滑倒，作业完毕，必须清理好现场，严禁乱扔乱倒废油、棉丝、手套等杂物。

（10）现场巡回点检必须按规定路线进行，在每一个主体设备检查时必须与加热炉 CPO 操作室保持联络。进入炉底点检，须注意脚下及头顶物体，在步进机构提升和平移行程范围内检查时，要注意周围安全，防止挤伤和碰伤。

（11）进入液压站需注意脚下油污和各管件，以防滑倒和绊倒，检查油箱、油泵及马达时不准戴手套，发现异常及时报告班长，不要盲目处理。

（12）为防止炉内辊道在静止状态下受热变形，须经常保持炉内辊道处于运转状态。

10.3.4 烧火工安全操作

（1）进入煤气区域必须两人以上同行，携带好 CO 检测器、防爆手电筒和通讯装置等工器具。

（2）煤气系统检修之前，必须使用水封和盲板阀可靠地切断煤气来源，并将管内煤气用蒸汽或者氮气吹扫，通知煤气站作残留煤气含量分析，确保管内 CO 含量低于 $50 \times 10^{-4}\%$，方可作业。

（3）禁止在未测定炉内 CO 含量以及测定后 CO 含量大于 $50 \times 10^{-4}\%$ 前提下进入炉内作业，炉内 O_2 含量应高于 18%。进炉检修人员严禁打明火，严禁吸烟。

（4）禁止在煤气设备上接电线，不得在煤气设备附近烤火，不得在煤气设备上挂附重物。

（5）进行混合煤气放散、送气、点火、检漏等现场作业时，应做好危险预知工作，带好必要的检测工具和通信工具，并准备好氧气检测器和防毒面具。

（6）煤气管道在送煤气之前，必须将管内空气用蒸气吹扫，通知煤气站作残氧量分析，确保管内氧含量低于1%。

（7）送煤气作业时要统一指挥，加强联络和确认，发现煤气泄漏，应立即采取措施。停煤气时，煤气放散阀必须打开。

（8）加热炉点火应先作爆破试验，以检测煤气纯度，合格后方可点火，点火时必须先点燃点火器，后开煤气。

（9）加热炉区域内禁止有易燃物品堆放。点火时，务必先把点火器插入炉内，启动点火器后，再开煤气；烘炉时，必须做到"勤观察、勤调整、勤记录"。

（10）上下加热炉炉顶时，要戴好手套，以防被烤热的栏杆烫伤，同时，上下楼梯时要注意脚下及四周情况，防止滑倒。

（11）开关加热炉阀门时，应戴好手套，放下袖口，以防被烫伤。

（12）查看炉口钢坯情况时，应离炉口 2m，斜视观察，防止炉内高温气体喷出而烫伤面部。

（13）打开检修炉门测温或观察前，确认炉压为负压，当打开检修门时脸不要正面相对，防止烫伤。

（14）不准随意开启出料辊道下的排渣料斗门。排渣时，应戴好必要的安全劳保用品（如眼镜等），氧化铁皮通过小车搬运到规定地方。

（15）助燃风机启动前应确认无检修牌或检修通知，风机工作中不能随意切断助燃风机电源。出现风机报警信息要及时处理。

10.3.5 汽化冷却安全操作

本着节能降耗的宗旨，现今绝大部分加热炉水梁均采用汽化冷却系统，而此系统的操作由烧火工完成。

（1）为保证汽化冷却系统的正常工作，汽包上的液位计、安全阀、压力表、排污阀等检测仪表、管道及各种阀门要经常检查，当发现异常时（泄漏、损坏等），要及时通知班组长，并与计控值班人员或本班机电修人员联络并采取相应的措施。

（2）随时检查汽包液位，当汽化冷却系统发生液位低位或高位报警时，应立即检查整个液位控制系统，并尽快调节汽包液位（具体操作可在控制室或现场完成），以免由于因为液位进一步降低或升高而造成加热炉关闭。

（3）随时检查汽包压力，当汽化冷却系统发生汽包压力高压报警时，应立即检查汽包压力控制系统，如果是因为蒸汽管网压力太高所致，应尽快打开蒸汽放散控制阀（控制室或现场）；如果汽包压力不能恢复正常，打开汽包上的手动放散阀，以避免汽包压力太高而造成加热炉关闭。

（4）每班接班后冲洗汽包玻璃管液位计一次，核对与仪表室液位指示是否一致，确保显示液位的准确性。

（5）当汽化冷却循环工作泵、给水工作泵出现气穴时，应立即投入备用泵，并通过排气口排出工作泵里的气体。

参 考 文 献

[1] 蔡乔方. 加热炉（第3版）[M]. 北京：冶金工业出版社，2007.

[2] 戚翠芬. 加热炉 [M]. 北京：冶金工业出版社，2004.

[3] 杨意萍. 轧钢加热工 [M]. 北京：化学工业出版社，2009.

[4] 陈英明. 热轧带钢加热工艺及设备 [M]. 北京：冶金工业出版社，1985.

[5] 陈淑贞，等. 中厚板原料加热 [M]. 北京：冶金工业出版社，1985.

[6] 刘孝曾. 热处理炉及车间设备 [M]. 北京：机械工业出版社，1985.

[7] 臧尔寿. 热处理炉 [M]. 北京：冶金工业出版社，1983.

[8] 陈鸿复. 冶金炉热工与构造 [M]. 北京：冶金工业出版社，1993.

[9] 戚翠芬. 加热炉基础知识与操作 [M]. 北京：冶金工业出版社，2005.

[10] 日本工业协会. 工业炉手册 [M]. 北京：冶金工业出版社，1989.

[11] 葛霖. 筑炉手册 [M]. 北京：冶金工业出版社，1994.

[12] 王秉铨. 工业炉设计手册 [M]. 北京：机械工业出版社，1996.

[13] 蒋光羲，吴德昭. 加热炉 [M]. 北京：冶金工业出版社，1995.

[14] 金作良. 加热炉基础知识 [M]. 北京：冶金工业出版社，1985.